全国计算机等级考试一级教程

计算机基础及 MS Office 应用

（互动版）

全国计算机等级考试命题研究组编

南开大学出版社

天 津

图书在版编目(CIP)数据

全国计算机等级考试一级教程：计算机基础及 MS
Office 应用：互动版 / 全国计算机等级考试命题研究组
编 . 一天津：南开大学出版社，2017.7(2024.6 重印)
ISBN 978-7-310-05384-1

Ⅰ.①全… Ⅱ.①全… Ⅲ.①电子计算机－水平考试
－教材②办公自动化－应用软件－水平考试－教材③MS
Office Ⅳ.①TP3

中国版本图书馆 CIP 数据核字(2017)第 102343 号

计算机基础及 MS Office 应用
JISUANJI JICHU JI MS OFFICE YINGYONG

南开大学出版社出版发行
出版人：刘文华
地址：天津市南开区卫津路 94 号　　邮政编码：300071
营销部电话：(022)23508339　营销部传真：(022)23508542
https://nkup.nankai.edu.cn

天津创先河普业印刷有限公司印刷　全国各地新华书店经销
2017 年 7 月第 1 版　　2024 年 6 月第 8 次印刷
260×185 毫米　16 开本　16.25 印张　405 千字
定价：49.00 元

如遇图书印装质量问题，请与本社营销部联系调换，电话：(022)23508339

丛书编委会

主　编：陈河南

副主编：许　伟

编　委：王　靖　　徐　彬　　贺　军　　王嘉佳　　于樊鹏　　李　强

　　　　侯佳宜　　戴文雅　　戴　军　　李志云　　陈安南　　李晓春

　　　　王春桥　　王　雷　　韦　笑　　龚亚萍　　冯　哲　　邓　卫

　　　　唐　玮　　魏　宇　　夏　菲　　李　煜　　孙　正　　张志刚

　　　　刘　一　　敖群星

前　言

Windows 7 传承了 Windows XP 的优秀特性，并在其基础上作了全面的更新与调整，以支持更多的应用程序和硬件，是一个集办公、管理、娱乐和安全于一体的操作系统。

本书的内容包括计算机基础知识、计算机系统、Windows 7 操作系统、Word 2010 的使用、Excel 2010 的使用、PowerPoint 2010 的使用、因特网基础与简单应用等内容。着重介绍计算机的基本概念、基本原理和基本应用方法。在每章后面有习题及其参考答案。

本书是指导初学者学习 Windows 7 和 MS Office 应用程序的实用型书籍，通过本教程的学习，使读者对计算机的基本概念、计算机原理、多媒体应用技术和网络知识等有一个全面、清楚的了解和认识，并能熟练掌握系统软件和常用 MS Office 办公软件的操作和应用。同时拓宽知识面，培养读者的计算机应用能力和解决问题的能力。

本书将课堂视频、操作步骤和文字相整合，你可以通过扫描书中的二维码，观看教师讲课视频以及办公软件的操作步骤演示，充分体验"互联网+"时代的创新学习方法。

本书是根据教育部考试中心最新制定的《全国计算机等级考试一级 MS Office 考试大纲（2013 年版）》中对一级 MS Office 的考试要求编写的，旨在帮助考生顺利通过考试。可作为中、高等学校及其他各类计算机培训班对 MS Office 的教学用书，也是计算机爱好者较实用的自学参考书。

编者

2015 年 7 月

目　录

第 1 章　计算机基础知识

电子数字计算机是 20 世纪重大科技发明之一。在人类科学发展的历史上，还没有哪门学科像计算机科学这样发展得如此迅速，并对人类的生活、学习和工作产生如此巨大的影响。人们把 21 世纪称为信息化时代，其标志就是计算机的广泛应用。计算机是一门科学，但也成为信息社会中必不可少的工具。因此，越来越多的人认识到，掌握计算机尤其是微型计算机的使用，是有效学习和成功工作的基本技能。

本章从计算机的基础知识讲起，为进一步学习与使用计算机打下必要的基础。通过本章学习，应掌握以下几点：

1. 计算机的发展简史、特点、分类及其应用领域。
2. 数制的基本概念，二进制和十进制整数之间的转换。
3. 计算机中数据的表示、存储与处理。
4. 计算机中数据、字符和汉字的编码。
5. 多媒体技术的概念与应用。
6. 计算机的性能和技术指标。
7. 计算机病毒的概念和防治。

1.1　计算机的发展

在人类文明发展的历程中，曾发明和使用过许多辅助计算工具。如远古时期的"绳"，战国时的"算筹"，我们祖先发明的算盘，欧洲人的计算尺、计算器、手摇或机械计算机。计算工具的发明和利用，极大地扩展和提高了人脑的功能。随着基础理论的研究与先进思想的出现，也推动了计算机的发展。

1.1.1　计算机的发展

1946 年，由宾夕法尼亚大学的物理教授莫克利和工程师埃克特领导的科研小组开发了世界上第一台多用途计算机 ENIAC。这台机器共用了 18 000 个电子管，占地 170 平方米，功率 150 千瓦，重达 30 吨。每秒可运行约 5 000 次加减运算，它虽然庞大笨重，却标志着计算机时代的到来。

1946 年，匈牙利出生的美籍数学家冯·诺依曼提出了在数学计算机内部的存储器中存放程序的概念，即"存储程序"的思想，该设计思想对后来计算机的发展产生了深远影响。后人称采用该结构的计算机为"冯·诺依曼计算机"。目前，绝大多数电子计算机都是"冯·诺依曼计算机"。因此，冯·诺依曼被誉为"现代计算机之父"。

关于冯·诺依曼提出的存储程序的概念，有以下特点：

（1）采用二进制代码表示指令和数据。

（2）采用存储程序方式，将事先编制好的程序存入存储器中，计算机在程序运行时就能自动地、连续地从存储器中依次取出指令并且运行。

冯·诺依曼计算机具有数据存储、操作判断与控制、数据处理、数据输入与输出5大功能对应5个功能部件，即存储器、控制单元、算术逻辑运算单元、输入单元和输出单元，各部件的操作及其相互之间的联系由控制单元集中控制。

计算机自从诞生之日起，就以惊人的速度发展。到目前为止，电子计算机已经经历了4个发展阶段。表1-1所示为计算机发展的四个阶段。

表1-1 计算机发展的四个阶段

部件 \ 阶段	第一阶段（1946～1958）	第二阶段（1958～1964）	第三阶段（1964～1970）	第四阶段（1970至今）
主机电子器件	电子管	晶体管	中小规模集成电路	大规模、超大规模集成电路
内存	水银延迟线	磁芯存储器	半导体存储器	半导体存储器
外存储器	穿孔卡片	磁带	磁带、磁盘	大容量的磁盘、光盘等
处理速度（每秒指令数）	几千条	几万至几十万条	几十至几百万条	上千万至万亿条
代表	UNIVAG-1 ENIAC、EDVAC	IBM-7000系列	IBM-360系列 NOVA	IBM4300系列、9000系列

我国计算机的发展概况如下：

1958年研制成功第一台电子管计算机。

1964年研制成功第二代晶体管计算机。

1971年研制成功以集成电路为主要器件的DJS系列机。

1983年研制成功亿次巨型计算机——"银河"。

1995年研制成功第一套大规模并行机系统——"曙光"。

2008年研制成功百万亿次超级计算机——"曙光5000"。

2009年研制成功中国第一台千万亿次超级计算机——"天河一号"。

1.1.2 计算机的特点、用途和分类

1. 计算机的特点

计算机是能高速、精确、自动进行科学计算及信息处理的现代化设备。与其他工具相比，计算机具有以下特点：

（1）运算速度快、精度高

计算机的运算速度是指在单位时间内执行指令平均条数。目前，计算机的运算速度已经达到数万亿次/秒。计算精度主要取决于字长。目前最新的微处理器的字长为64位。

（2）存储容量大

计算机具有强大的存储数据的能力。目前常用来存储信息的硬盘，单盘容量已达到200GB。

（3）具有逻辑判断能力

计算机的工作原理是基于逻辑的，所以它还是具有逻辑判断能力，从而能完成许多复杂问题的分析。

（4）具有自动运行能力

计算机能按照存储在其中的程序自动运行。一旦计算机启动，控制单元就顺序地访问存储器、读出指令，逐条解释执行指令，不需人直接干预。

计算机还具有一些其他的特性，如通用性强、适用范围广、具有网络与通信功能等。

2. 计算机的用途

随着计算机的不断发展，20世纪末计算机的应用已渗透到社会各行各业，改变着传统的工作、学习和生活方式。

当前，计算机的应用可分为科学计算、数据处理、过程控制、计算机辅助、多媒体应用、网络与通信、人工智能等多个方面。

（1）科学计算

科学计算是指用计算机来完成科学研究和工程技术中所需要的数学计算，这是计算机最早的，也是最重要的应用领域。由于计算机具有计算速度快、精度高、储存容量大以及能够连续运算的特点，所以它不仅提高了工作效率，还解决了一些人工无法解决的复杂计算问题。

（2）数据处理

数据处理也称非数值计算，是指对大量的数据进行加工处理，如收集、存储、归纳、分类、整理、检索、统计、分析等。

（3）过程控制

过程控制也称实时控制，是指用计算机及时采集、检测工业生产过程中的状态参数，按照相应的标准或最优化的目标，迅速对控制对象进行自动调节或控制。

（4）计算机辅助

计算机辅助设计（CAD）就是用计算机帮助设计人员进行设计。

计算机辅助制造（CAM）就是用计算机进行设备的管理、控制和操作的过程。

计算机辅助还包括：计算机辅助教学（CAI）、计算机辅助工程（CAE）、计算机辅助技术（CAT）。

（5）多媒体应用

多媒体是一种以交互方式，将文本、图形、图像、音频、视频等多种媒体信息，经过计算机设备的获取、操作、编辑、存储等综合处理后，将这些媒体信息以单独或合成的形态表现出来的技术和方法。

（6）网络与通信

将一个建筑物内的计算机和世界各地的计算机通过电话交换网等方式连接起来，就可以构成一个巨大的计算机网络系统，做到资源共享，相互交流。计算机网络的应用所涉及的主要技术是网络互联技术、路由技术、数据通信技术，以及信息浏览技术和网络安全技术等。

计算机通信几乎就是现代通信的代名词，如目前发展势头已经超过传统固定电话的移动通信就是基于计算机技术的通信方式。

（7）人工智能

人工智能（AI）是用计算机模拟人类的智能活动，如判断、理解、学习、图像识别、问题求解等。它是在计算机科学控制论、仿生学和心理学等学科基础上发展起来的一门交叉学科。人工智能始终是计算机科学领域中一个重要的研究方向。

3．计算机的类型

计算机发展到今天，已是琳琅满目，种类繁多。分类方法各不相同，分类标准也不是固定不变的，只能针对某一个时期而言。

（1）按处理数据的类型分类

按处理数据的类型分可分为数字计算机、模拟计算机及数字和模拟计算机。

（2）按用途分类

按用途分可分为通用计算机和专用计算机。

（3）按性能规模分类

按性能规模分可分为巨型机、大型机、小型机、微型机和工作站。

① 巨型机

巨型机的特点是运算速度快、存储容量大。目前世界上只有少数国家能生产巨型机。我国目前自主研发的"银河"就属于巨型机。主要用于核武器、空间站技术、大范围天气预报、石油勘探等领域。

② 大型机

大型机的特点是通用性强，具有很强的综合处理能力，性能覆盖面广，主要应用于公司、银行、政府部门。通常人们称大型机为企业计算机。

③ 小型机

小型机规模小、结构简单、设计周期短，便于及时采用先进工艺。其特点是可靠性高，对运行环境要求低，易于操作且便于维护。

④ 微型机

微型计算机又称个人计算机，它是日常生活中使用最多、最普遍的计算机。具有价格低、性能强、体积小、功耗低的特点。

⑤ 工作站

工作站是一种高档的微型计算机。它具有较高的运算速度，具有大型机、小型机的多任务、多用户功能，具有微型机的操作便利和良好的人机界面。它可以连接到多种输入/输出设备。具有易于联网、处理功能强的特点。其应用领域也从最初的计算机辅助扩展到商业、金融、办公领域，并充当网络服务器的角色。

1.1.3 计算机的新技术

计算机技术的发展日新月异。计算机的应用已渗透到科学技术的各个领域，并扩展到工业、农业、军事、商业以及家庭生活中。从现在的技术角度来说，21世纪初将得到快速发展并具有重要影响的新技术有：人工智能、网络计算、中间件技术和云计算等。

1．人工智能

人工智能是研究开发能与人类智能相似的方式作出反应的智能机器。人工智能能让计算机更接近人类的思维，实现人机交互。

2．网络计算

网络计算是一种分布式计算，它研究如何把一个需要非常巨大的计算能力才能解决的问题分成许多小的部分，然后把这些部分分配给许多计算机进行处理，最后把这些计算结果综合起来得到最终结果。

网络计算的特点如下：

（1）能够提供资源共享，实现应用程序的互相连接。

（2）协同工作，共同处理一个项目。

（3）基于国际的开发技术标准。

（4）可以提供动态服务，适应变化。

3. 中间件技术

为解决分布异构问题，人们提出了中间件的概念。中间件是位于操作系统和应用软件之间的通用服务。也许很难给中间件一个严格的定义，但中间件应具有如下的特点：

（1）满足大量应用的需要。

（2）运行于多种硬件和操作系统平台。

（3）支持分布计算，提供跨网络硬件和操作系统平台的透明性的应用或服务交换。

（4）支持标准协议。

（5）支持标准的接口。

4. 云计算

云计算是分布式计算、并行计算、效用计算、网络存储、虚拟化、负载均衡等传统计算机和网络技术发展融合的产物。美国国家标准与技术研究院定义：云计算是一种按使用量付费的模式，这种模式提供可用的、便捷的、按需的网络访问。进入可配置的计算资源共享池（资源包括网络、服务器、存储、应用软件、服务）。这些资源能够被快速提供，只需投入很少的管理工作或与服务供应商进行很少的交互。

云计算的特点是：超大规模、虚拟化、高可靠性、通用性、高可扩展性、按需服务、价廉。

1.1.4 未来计算机的发展趋势

1. 计算机的发展趋势

随着新技术、新发明的不断出现和科学技术水平的提高，计算机技术也将高速发展。以目前计算机科学的现状和趋势上看，它将向巨型化、微型化、网络化和智能化四个方向发展。

（1）巨型化

巨型化是指计算机具有极高的运算速度，大容量的存储空间，更加强大和完善的功能，主要应用于航空航天、军事、尖端科技等领域。

（2）微型化

大规模及超大规模集成电路的出现使计算机芯片集成度越来越高，所完成的功能越来越强，使计算机迅速向微型化发展。

（3）网络化

计算机网络是计算机技术和通信技术紧密结合的产物。计算机网络将不同地理位置上具有独立功能的不同计算机通过通信设备和传输介质互连起来。在通信软件的支持下，实现网络中的计算机之间共享资源、交换信息、协同工作。

（4）智能化

智能化指计算机能够模拟人类的智力活动，如学习、感知、理解、判断、推理等能力。具备理解自然语言、声音、文字和图像的能力。

2．未来新一代的计算机

随着计算机技术的发展，计算机性能的大幅度提高不容置疑。目前，一些新的计算机正在加紧研究。这些计算机是模糊计算机、生物计算机、光子计算机、超导计算机、量子计算机。

（1）模糊计算机

在日常生活中，人们使用大量的模糊概念，如"休息一会"、"有何打算"、"再来一点儿"都是模糊不清的说法。由模糊陈述或判断所表示的概念属于模糊概念。要解决这种模糊问题只能通过模糊推理才能得到结果。现有的计算机都没有这种功能，只有模糊计算机才有。

1964年英国人查理创立了模糊信息理论。依照模糊理论，判断问题不是以是、非两种绝对值，而是取许多值。用这种模糊的不确切的判断进行工程处理的计算机就是模糊计算机。1985年第一个模糊逻辑片设计制造成功，它1秒内能进行8万次模糊逻辑推理。

（2）生物计算机

生物计算机又称仿生计算机，是以生物芯片取代在半导体硅片上集成数以万计的晶体管制成的计算机。它的主要原材料是生物工程技术产生的蛋白质分子。从生物计算机中提取信息困难是目前生物计算机没有普及的主要原因。

（3）光子计算机

光子计算机是一种由光信号进行数字运算、逻辑操作、信息存储和处理的新型计算机。它由激光器、光学反射镜、透镜滤波器等光学元件和设备构成，靠激光束进入反射镜组成阵列进行信息处理，以光子代替电子，光运算代替电运算。1990年初美国贝尔实验室研制成世界上第一台光子计算机。由于光子计算机具有运算速度快、信息存储容量大、能量消耗小的优点。目前许多国家都投入巨资进行光子计算机的研究。

（4）超导计算机

1911年，荷兰物理学家昂内斯发现，一些材料在接近零下273.15摄氏度时，会失去电阻，流入它们中的电流会畅通无阻，可进行无损耗的流动。超导计算机运算速度快且电能消耗极低，但超导计算机的组件必须在超低温的条件下工作。

（5）量子计算机

量子计算机是一类遵循量子力学规律进行高速数学和逻辑运算、存储及处理量子信息的物理装置。量子计算机的概念源于对可逆计算机的研究。研究可逆计算机的目的则是为了解决计算机中的能耗问题。

1.1.5 信息技术简介

1．信息技术

人们对信息技术的定义，因其使用的目的、范围、层次不同而有各种不同的表述。联合国教科文组织对信息技术的定义是：应用在信息加工和处理中的科学、技术与工程的训练方法和管理技巧；上述方面的技巧和应用；计算机及其与人、机的相互作用；与之相应的社会、经济和文化等诸种事物。

信息技术不仅包括现代信息技术，还包括在现代文明之前的原始时代和古代社会中与那个时代相对应的信息技术。不能把信息技术等同为现代信息技术。

2．现代信息技术的内容

一般来说，信息技术（IT）包括信息基础技术、信息系统技术和信息应用技术。

（1）信息基础技术

信息基础技术是信息技术的基础，包括新材料、新能源、新器件的开发和制造技术。

（2）信息系统技术

信息系统技术是指有关信息的获取、传输、处理、控制的设备和系统的技术。感测技术、通信技术、计算机与智能技术和控制技术是它的核心和支撑技术。

（3）信息应用技术

信息应用技术是针对种种实用目的，如由信息管理、信息控制、信息决策而发展起来的具体的技术群类，如工厂的自动化、办公自动化、家庭自动化、人工智能和互联通信技术等。它们是信息技术开发的根本目的所在。

3．现代信息技术的发展趋势

信息技术在社会各个领域得到广泛的应用，显示出强大的生命力。展望未来，现代信息技术将面向数字化、多媒体化、高速化、网络化、宽频化、智能化等方向发展。

1.2　信息的表示与存储

人类用文字、图表、数字表达记录着世界上各种各样的信息，便于人们用来处理和交流它。现在的这些信息输入到计算机中，由计算机进行保存和处理，在计算机内不管是什么样的数据都是采用由 0 和 1 组成的二进制编码表示。数据处理后的结果为信息，信息具有针对性和时效性。

1.2.1　计算机中数据的概念

数据是指能够输入计算机并被计算机处理的数字、字母和符号的集合。计算机中数据经常用到以下几个概念。

1．位（bit）

计算机中所有数据以二进制来表示，一个二进制代码称一位，记为 bit，简写为 b。位是计算机存储数据的最小单位。

2．字节（byte）

字节是计算机数据处理的最基本单位。字节简写为 B，规定一个字节由 8 个二进制位组成，即 1 B=8 bit。一般情况下，一个 ASCII 码占用一个字节，一个汉字国标码占用两个字节。

3．字

一个字通常由一个或若干个字节组成。

4. 字长

字长是计算机一次所能处理信息的实际位数，它决定了计算机数据数据处理的速度，是衡量计算机性能的一个重要指标。字长越长，性能越强。

5. 数值的换算

1Byte = 8 bit

1KB = 1 024 B = 2^{10} B

1MB = 1 024 KB = 2^{20} B

1GB = 1 024 MB = 2^{30} B

1TB = 1 024 GB = 2^{40} B

1.2.2 进位计数制及其转换

1. 数的进制

数制即表示数值的方法，有非进位数制和进位数制两种表示数值的数码。与它在数中的位置无关的数制成为非进位数制。按进位原则进行计数的数制称为进位数制，简称"进制"。

（1）数制中的几个概念

数码：一个数制中表示基本数值大小的不同数字符号。如十进制有 10 个数码即 0，1，2，3，4，5，6，7，8，9。

基数：一个数值所使用的数码的个数。如八进制的基数为 8，十进制的基数为 10。

位权：一个数值中某一位上的 1 所表示数值的大小。如十进制的 123，1 的位权是 10^2，2 的位权是 10^1，3 的位权是 10^0。再如八进制的 214，2 的位权是 8^2，1 的位权是 8^1，4 的位权是 8^0。

表 1-2 给出了计算机中常用的几种进位计数制。

表 1-2　计算机中常用的几种进位计数制的表示

进位制	基数	基本符号	权	形式表示
二进制	2	0，1	2^1	B
八进制	8	0，1，2，3，4，5，6，7	8^1	O
十进制	10	0，1，2，3，4，5，6，7，8，9	10^1	D
十六进制	16	0，1，2，3，4，5，6，7，8，9，A，B，C，D，E，F	16^1	H

表 1-2 中十六进制的数字符号除了十进制中的 10 个数字符号以外，还使用了 6 个英文字母：A，B，C，D，E，F，它们分别等于十进制的 10，11，12，13，14，15。

（2）进位数制的基本特点

① 数制的基数确定了所采用的进位计数制。如十进制数制的基数为 10；二进制数制的基数为 2。对于 N 进制数制有 N 个数字符号。表 1-2 给出了计算机常用的几种进位数制。可以用数据后加一个特定字母表示它所采用的进制。也可用加括号和下标的形式。如 56D、$(56)_{10}$、101B、$(101)_2$、24O、34BH、$(24)_8$、$(34B)_{16}$。

② 逢 N 进 1。如十进制逢 10 进 1，八进制逢 8 进 1，十六进制逢 16 进 1。表 1-3 是十进制数 0～15 等值的二进制、八进制、十六进制的对照表。

③ 采用位权表示法。表 1-3 不同进制中的数按位权展开。

表 1-3　不同进制中的数按位权展开

进制	原始数	按位权展开	对应十进制数
十进制	$(213)_{10}$	$2\times10^2+1\times10^1+3\times10^0$	213
二进制	$(1010)_2$	$1\times2^3+0\times2^2+1\times2^1+0\times2^0$	12
八进制	$(236)_8$	$2\times8^2+3\times8^1+6\times8^0$	158
十六进制	$(5B)_{16}$	$5\times16^1+B\times16^0$	91

（3）不同进制之间的转换

① R 进制转换为十进制

基数为 R 的数字，只要将 R 进制数按位权展开，求和即可实现 R 进制转换为十进制。

例：　　　　$(216)_{16}=2\times16^2+1\times16^1+6\times16^0=(534)_{10}$

　　　　　　$(216)_8=2\times8^2+1\times8^1+6\times8^0=(142)_{10}$

　　　　　　$(11001)_2=1\times2^4+1\times2^3+1\times2^0=(25)_{10}$

表 1-4 给出了部分二进制的权值。

表 1-4　部分二进制的权值

权	（值）$_2$	（值）$_{10}$
2^0	1	1
2^1	10	2
2^2	100	4
2^3	1000	8
2^4	10000	16
2^5	100000	32
2^6	1000000	64
2^7	10000000	128
2^8	100000000	256
2^9	1000000000	512
2^{10}	10000000000	1024

② 十进制转换成为 R 进制

将十进制数转换为 R 进制数时，可将此数分成整数与小数两部分分别转换，然后再拼接起来即可。

将一个十进制整数转换成 R 进制数采用"**除 R 取余**"法，即将十进制整数连续地除以 R 取余数，直到商为 0，余数从右到左排列，首次取得的余数排在最右边。

小数部分转换成 R 进制数采用"**乘 R 取整**"法，即将十进制小数不断乘以 R 取整数，直到小数部分为 0 或达到要求的精度为止（小数部分可能永远不会得到 0）；所得的整数从小数点自左往右排列，取有效精度，首次取得的整数排在最左边。

例：将十进制数 225.812 5 转换成二进制数。

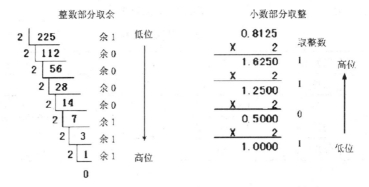

转换结果为：（225.8125）$_D$=（11100001.1101）$_B$

例：将十进制数 225.15 转换成八进制数，要求结果精确到小数点后 5 位。

转换结果为：（225.15）$_D$≈（341.11463）$_O$

③ 二进制、八进制、十六进制数之间的相互转换

由于二进制、八进制和十六进制之间存在特殊关系：$8^1=2^3$、$16^1=2^4$，即 1 位八进制数相当于 3 位二进制数，1 位十六进制数相当于 4 位二进制数，因此转换方法就比较容易，表 1-5 所示为八进制数与二进制数、十六进制数之间的关系。

表 1-5 八进制数与二进制数、十六进制数之间的关系

八进制数	对应二进制数	十六进制数	对应二进制数	十六进制数	对应二进制数
0	000	0	0000	8	1000
1	001	1	0001	9	1001
2	010	2	0010	A	1010
3	011	3	0011	B	1011
4	100	4	0100	C	1100
5	101	5	0101	D	1101
6	110	6	0110	E	1110
7	111	7	0111	F	1111

根据这种对应关系，二进制数转换成八进制数时，以小数点为中心向左右两边分组，每 3 位为一组，两头不足 3 位补 0 即可。同样二进制数转换成十六进制数只要 4 位为一组进行分组。

例：将二进制（110111.11011）$_2$ 转换成八进制数。

（$\underline{110}$ $\underline{111}$. $\underline{110}$ $\underline{110}$）$_2$ = （67.66）$_8$（低位补 0）
　　6　　7　　．　6　　6

例：将二进制数（110111.11011）$_2$ 转换成十六进制数。

（$\underline{0011}$ $\underline{0111}$. $\underline{1101}$ $\underline{1000}$）$_2$ = （37.D8）$_{16}$（两头不足，补 0）
　　3　　7　　．　D　　8

例：将八进制数（64.54）$_8$ 转换成二进制数。

（$\underline{6}$ $\underline{4}$. $\underline{5}$ $\underline{4}$）$_8$ = （$\underline{110}$ $\underline{100}$. $\underline{101}$ $\underline{100}$）$_2$
　　　　6　　4　　．　5　　4

例：将十六进制数（64.54）$_{16}$ 转换成二进制数。

（$\underline{6}$ $\underline{4}$. $\underline{5}$ $\underline{4}$）$_{16}$ = （$\underline{0110}$ $\underline{0100}$. $\underline{0101}$ $\underline{0100}$）$_2$
　　　　6　　4　　．　5　　4

注意：整数前的高位 0 和小数后的低位 0 可取消。

1.2.3 字符的编码

1. 西文字符的编码

计算机中用的最多的符号数据是字符。用户使用计算机的输入设备输入键盘上的字符键向计算机输入命令和数据。计算机把处理后的结果以字符的形式输出到屏幕或打印机等输出设备上。对于字符的编码方案有很多种。使用最广泛的英文字符编码为 ASCII（Amerian Standard Code for Information Interchange，美国信息交换标准）码。

ASCII 码由 0～9 十个数符，52 个大小写英文字母，32 个符号及 34 个计算机通用控制符组成，共 128 个元素。因为 ASCII 码总共为 128 个元素，故用二进制编码表示需用 7 位，其排列次序为 $d_6 d_5 d_4 d_3 d_2 d_1 d_0$，$d_6$ 为高位，d_0 为低位。如表 1-6 所示。

ASCII 码的查表方式是：先查列（高三位），后查行（低四位），然后按从从左到右的书写顺序完成。如 B 的 ASCII 码为 1000010。在 ASCII 码进行存放时，由于它的编码是 7 位，因 1 个字节（8 位）是计算机中常用单位，故仍以 1 字节来存放 1 个 ASCII 字符，每个字节多余的最高位取 0。

在 ASCII 码字符中，从 "0" ～ "9"，从 "A" ～ "Z"，从 "a" ～ "z" 都是顺序排列的，且小写比大写字母码值大 32，即位值 d_5 为 0 或 1，这有利于大、小写字母之间的编码转换。

有些特殊的字符编码应该记住，例如：

"a" 字母字符的编码为 110 0001，对应的十进制数是 97，十六进制数是 61H。

"A" 字母字符的编码为 1000001，对应的十进制数是 65，十六进制数是 41H。

"0" 字母字符的编码为 0110000，对应的十进制数是 48，十六进制数是 30H。

" " 空字符的编码为 0100000，对应的十进制数是 32，十六进制数是 20H。

"CR" 回车的编码为 0001101，对应的十进制数是 13，十六进制数是 0DH。

计算机的内部用一个字节（8 二进制位）存放一个 7 位 ASCII 码，最高位置为 0。

表 1-6 7 位 ASCII 代码表

符号 \ $b_6b_5b_4$ \ $b_3b_2b_1b_0$	000	001	010	011	100	101	110	111
0000	NUL	DLE	SP	0	@	P	`	p
0001	SOH	DC1	!	1	A	Q	a	q
0010	STX	DC2	"	2	B	R	b	r
0011	ETX	DC3	#	3	C	S	c	s
0100	EOT	DC4	$	4	D	T	d	t
0101	ENQ	NAK	%	5	E	U	e	u
0110	ACK	SYN	&	6	F	V	f	v
0111	BEL	ETB	'	7	G	W	g	w
1000	BS	CAN	(	8	H	X	h	x
1001	HT	EM	)	9	I	Y	i	y
1010	LF	SUB	*	:	J	Z	j	z
1011	VT	ESC	+	;	K	[	k	{
1100	FF	FS	,	<	L	\	l		
1101	CR	GS	—	=	M	]	m	}
1110	SO	RS	.	>	N	↑	n	~
1111	SI	US	/	?	O	↓	o	DEL

2．汉字的编码

英语文字是由 26 个字母拼组而成。为了使计算机能够处理汉字，就要对汉字进行编码。我国于 1980 年颁布了《信息交换用汉字编码字符集基本集》（代号为 GB2312-80）。

国标 GB2312-80 规定：所有的国标汉字和符号组成一个 94×94 的矩阵。在该矩阵中，每一行称为一个"区"，每一列称为一个"位"，这样就形成了 94 个区号（01～94）和 94 个位号（01～94）的汉字字符集。国标码中有 6 763 个汉字和 682 个其他基本图形字符，共计 7 445 个字符。其中规定一级汉字 3 755 个（10～55 区），二级汉字 3 008 个（56～58 区）。一个汉字所在区号与位号简单地组合在一起就构成了该汉字的"区位码"。在汉字区位码中，高位为区号，低位为位号。因此，区位码与汉字或图形符号之间是一一对应的。一个汉字由两个字节代码表示。

区位码是一个 4 位十进制数，国标码是一个 4 位十六进制数。为了与 ASCII 码兼容，汉字输入区位码与国标码之间有一个简单的转换关系。具体方法是：将一个汉字的十进制区号和十进制位号分别转换成十六进制；然后再分别加上 20H（十进制就是 32）就称为汉字的国标码。

3．汉字的处理过程

计算机对汉字信息的处理过程实际上是各种汉字编码间的转换过程。这些编码主要包括：汉字输入码、汉字国际码、汉字机内码、汉字地址码、汉字字形码等。这一系列的汉字编码及转换、汉字信息处理中的各编码及流程如图 1-1 所示。

图 1-1 汉字信息处理系统的模型

从图 1-1 中可以看到：通过键盘对每个汉字输入规定的代码，即汉字的输入码。不论哪一种汉字输入方法，计算机都将每个汉字的汉字输入码转换为相应的国标码，然后再转换为机内码，就可以在计算机内存储和处理了。输出汉字时，先将汉字的机内码通过简单的对应关系转换为相应的汉字地址码，然后通过汉字地址码对汉字库进行访问，从字库中提取汉字的字型码，最后根据字型数据显示和打印出汉字。

（1）汉字的输入码

汉字的输入码也叫外码，是为了通过键盘字符把汉字输入到计算机的一种编码。对于同一汉字而言，输入法不同，其外码也是不同的。

（2）汉字机内码

汉字机内码又称内码。该编码的作用是统一各种不同的汉字输入码在计算机内的表示。汉字机内码是计算机内部存储、处理的代码。英文字符的机内码是最高位为 0 的 8 位 ASCII 码。为了区分把国标码每个字节的最高位由 0 改为 1，其余位不变的编码作为字符的机内码。

一个汉字用两个字节的内码表示，计算机显示一个汉字的过程首先是根据其内码找到该汉字字库中的地址，然后将该汉字的点阵字形在屏幕上输出。

汉字的输入码是多种多样的。同一个汉字如果采用的编码方案不同，则输入码有可能不一样，但汉字的机内码是一样的。有专用的计算机内部存储汉字使用的汉字内码，用以将输入时使用的多种输入码统一转换成汉字机内码进行存储，以方便机内的汉字处理。汉字的国标码与其内码的关系为：

$$（汉字的机内码）H = （汉字的国标码）H + 8080H$$

（3）汉字地址码

汉字地址码是指汉字字库中存储的汉字字形信息的逻辑地址码。当需要输出设备输出汉字时，必须通过汉字地址码。

（4）汉字字形码

汉字在显示和打印输出时，是以点阵的方式形成汉字图形的。汉字字形码是指确定一个汉字字形点阵的代码。汉字字形码通常有两种表示方式：点阵和矢量表示方式。

目前普遍使用的汉字字形码是用点阵方式表示的，称为点阵字模码。所谓 16×16 点阵是在纵向 16 点、横向 16 点的网状方格上写一个汉字。有点的格对应 1，无点的格对应 0。这种用点阵形式存储的汉字字形信息的集合称为汉字字模库，简称汉字字库。

1.3 多媒体简介

随着电子技术和信息处理技术的发展，计算机技术、广播电视技术和通信网络技术这三个领域互相渗透、通融、促进，从而形成了一门新的技术，即多媒体技术，出现了改善人类信息的交流。对人们生活方式、交互环境起到了不容忽视的作用。

1.3.1 多媒体的基本概念

多媒体是指文本、图形、图像、声音、动画、视频等多种媒体的统称。多媒体技术是指利用计算机对文本、图形、图像、声音、视频等多种信息综合处理，在各种媒体信息间建立逻辑关系和人机交互作用的技术。按照国际电信联盟（ITU）标准的定义，媒体一般分为感觉媒体、表示媒体、表现媒体、存储媒体和传输媒体。

多媒体是融合了两种以上媒体的人机交互式信息交流和传播媒体，具有以下5个特点：多样性、交互性、集成性、数字化和实时性。

1.3.2 媒体的数字化

在计算机和通信领域里，归结为最基本的三种媒体是：声音、图像、文本。传统的计算机只能够处理单一的文本媒体，而多媒体计算机能够同时采集、处理、存储和展示多种媒体信息。

1. 声音

声音是一种重要的媒体，其种类繁多，如人的语音、动物的声音、乐器声、机器声，等等。

（1）声音的数字化

声音是通过空气传播的连续的波，即声波。声波传入人耳，人们就产生了声音的感觉。计算机系统通过输入设备（麦克风等）输入声音信号，并对其进行采样、量化而将其转换成数字信号，然后通过输出设备（音箱等）输出。将连续的模拟信息变成离散的数字信号就是数字化，数字化的基本技术是脉冲编码调制，主要包括采样、量化、编码3个基本过程：

①采样：声音用电表示时，声音信号是在时间上和幅度上都连续的模拟信号。每隔一段时间对连续的模拟信号进行测量，就是采样。每秒钟的采样次数即为采样频率。采样频率越高，采集到的样本就越多，则声音信号的还原性能就越好。根据奈奎斯特采样定理，当采样频率大于或等于声音信号最高频率的两倍时，就可以将采集到的样本还原成原声音信号。

②量化：在这些特定的时刻采样后得到的信号转换成相应的数值，就是量化。转换后的数值以几位二进制数的形式进行存储即为量化位数。量化位数一般为8位、16位。量化位数越大，采集到的样本精度就越高，声音的质量就越高。但量化位数越多，需要的存储空间也就越多。

记录声音时，每次只产生一组声波数据，称单声道；每次产生两组声波数据，称双声道。双声道具有空间立体效果，但所占空间比单声道多一倍。

③编码：经过采样、量化后，还需要进行编码，即将量化后的数据转换成二进制码组。编码是将量化的结果采用二进制数的形式表示。有时也将量化和编码过程统称为量化。

最终产生的音频数据量按照下面公式计算：

频数据量（B）=采样时间（S）×采样频率（Hz）×量化位数（b）×声道数 / 8

采样和量化过程中使用的主要硬件是 A／D 转换器（模拟／数字转换器，实现模拟信号到数字信号的转换)和 D／A 转换器(数字／模拟转换器,实现数字信号到模拟信号的转换)。

（2）声音文件格式

存储声音信息的文件格式有很多种,常用的有 WAV 文件、MPEG 文件、RealAudio 文件、MIDI 文件、VOC 文件、AU 文件以及 AIF 文件等。

WAV 文件又称为波形文件，它是以".wav"作为文件的扩展名。WAV 文件是 Windows 中采用的波形文件存储格式，它是对声音信号进行采样、量化后生成的声音文件。波形文件中除了采样频率、样本精度等内容外，主要是由大量的经采样、量化后得到声音数据组成的。因此，波形文件的大小可以近似地等于大量的声音数据所占用的存储空间。

MPEG 文件是指采用 MPEG（.mp1/.mp2/.mp3）音频压缩标准进行压缩的文件。MPEG 音频文件的压缩是一种有损压缩，根据压缩质量和编码复杂程度的不同可分为 3 层，分别对应 MP1、MP2、MP3 这三种音频文件，压缩比分别是 4:1，6:1～8:1，10:1～12:1。其中 MP3 文件因为其压缩比高、音质接近 CD、制作简单、便于交换等优点，非常适合在网上传播，是目前使用最多的音频文件格式，其音质稍差于 WAV 文件。

RealAudio 文件是由 Real Network 公司推出的一种网络音频文件格式,采用了"音频流"技术，其最大的特点就是可以实时传播音频信息，尤其是在网速较慢的情况下，仍然可以较为流畅地传送数据，因此主要适用于在网络上在线播放。现在的 RealAudio 文件格式主要有 RA、RM 和 RMX 三种，这些文件的共性在于随着网络带宽的不同而改变声音的质量，在保证大多数人听到流畅声音的前提下，使带宽较宽的听众获得好的音质。

MIDI（Musical Instrument Digital Interface，电子乐器数字接口）文件规定了乐器、计算机、音乐合成器以及其他电子设备之间交换音乐信息的一组标准规定。MIDI 文件中的数据记录的是一些关于乐曲演奏的内容，而不是实际的声音。因此 MIDI 文件要比 WAV 文件小很多，而且易于编辑、处理。MIDI 的缺点是播放声音的效果依赖于播放 MIDI 的硬件质量，但整体效果都不如 WAV 文件。产生 MIDI 乐音的方法有很多种，常用的有 FM 合成法和波表合成法。MIDI 文件的扩展名有".mid"、".rmi"等。

VOC 文件是声霸卡使用的音频文件格式，它以".voc"作为文件的扩展名。

AU 文件主要用在 Unix 工作站上，它以".au"作为文件的扩展名。

AIF 文件是苹果机的音频文件格式，它以".aif"作为文件的扩展名。

2．图像

（1）静态图像的数字化

一幅图像可以近似地看成是由许许多多的点组成的，因此它的数字化通过采样和量化就可以得到。图像的采样就是采集组成一幅图像的点。量化就是将采集到的信息转换成相应的数值。组成一幅图像的每个点被称为是一个像素，每个像素值表示其颜色、属性等信息。存储图像颜色的二进制数的位数，称为颜色深度。

（2）动态图像的数字化

由于人眼看到的一幅图像消失后，还将在视网膜上滞留几毫秒，因此动态图像正是根据这样的原理而产生的。动态图像是将静态图像以每秒钟 n 幅的速度播放，当 n≥25 时，显示在人眼中的就是连续的画面。

（3）点位图和矢量图

表达或生成图像通常有两种方法：点位图法和矢量图法。点位图法就是将一幅图像分成很多小像素，每个像素用若干二进制位表示像素的颜色、属性等信息。矢量图法就是用一些指令来表示一幅图。

（4）图像文件格式

.bmp 文件：是 Windows 采用的图像文件存储格式。

.gif 文件：供联机图形交换使用的一种图像文件格式，目前在网络通信中被广泛采用。

.tiff 文件：二进制文件格式。广泛用于桌面出版系统、图形系统和广告制作系统，也可以用于一种平台到另一种平台间图形的转换。

.png 文件：图像文件格式，其开发目的是替代 GIF 文件格式和 TIFF 文件格式。

.wmf 文件：是绝大多数 Windows 应用程序都可以有效处理的格式，其应用很广泛，是桌面出版系统中常用的图形格式。

.dxf 文件：一种向量格式，绝大多数绘图软件都支持这种格式。

（5）视频文件格式

.avi 文件：是 Windows 操作系统中数字视频文件的标准格式。

.mov 文件：是 QuickTime for Windows 视频处理软件所采用的视频文件格式，其图像画面的质量比 AVI 文件要好。

1.3.3　多媒体数据压缩

多媒体信息数字化之后，其数据量往往非常庞大。多媒体信息必须经过压缩才能满足实际的需要。

数据压缩可以分为两种类型：无损压缩和有损压缩。

1. 无损压缩

无损压缩是指压缩后的数据能够完全还原成压缩前的数据，压缩比较低一般为 2:1～5:1。常用的无损压缩编码技术包括行程编码、熵编码等。

（1）行程编码

行程编码简单直观，编码和解码速度快；其压缩比与压缩数据本身有关，行程长度大，压缩比就高。适于计算机绘制的图像，如 BMP、AVI 文件；对于彩色照片，由于色彩丰富，采用行程编码压缩比会比较小。

（2）熵编码

根据信源符号出现概率的分布特性进行码率压缩的编码方式称为熵编码，也叫统计编码。其目的在于在信源符号和码字之间建立明确的一一对应关系，以便在恢复时能准确地再现原信号，同时使平均码长或码率尽量小。熵编码包括霍夫曼编码和算术编码。

算术编码的优点是每个传输符号不需要被编码成整数"比特"。虽然算术编码实现方法复杂，但通常算术编码的性能优于霍夫曼编码。

JPEG 标准：第一个针对静止图像压缩的国际标准。JPEG 标准制定了两种基本的压缩编码方案：以离散余弦变换为基础的有损压缩编码方案和以预测技术为基础的无损压缩编码方案。

MPEG 标准：规定了声音数据和电视图像数据的编码和解码过程、声音和数据之间的同步等问题。MPEG-1 和 MPEG-2 是数字电视标准，其内容包括 MPEG 电视图像、MPEG 声音及 MPEG 系统等内容。MPEG-4 是 1999 年发布的多媒体应用标准，其目标是在异种结构网络中能够具有很强的交互功能并且能够高度可靠地工作。MPEG-7 是多媒体内容描述接口标准，其应用领域包括数字图书馆、多媒体创作等。

2．有损压缩

有损压缩是指压缩后的数据不能够完全还原成压缩前的数据，其损失的信息多是对视觉和听觉感知不重要的信息。有损压缩的压缩比要高于无损压缩。典型的有损压缩编码方法有预测编码、变换编码、基于模型编码、分形编码及矢量量化编码等。

（1）预测编码

预测编码是根据离散信号之间存在着一定相关性的特点，利用前面一个或多个信号对下一个信号进行预测，然后对实际值和预测值之差进行编码和传输。在接收端把差值与实际值相加，恢复原始值。在同等精度下，就可以用比较少的"比特"进行编码，达到压缩的目的。

预测编码中典型的压缩方法有脉冲编码调制、差分脉冲编码调制、自适应差分脉冲编码调制等，它们比较适合于声音、图像数据的压缩，因为这些数据由采样得到，相邻采样值之间相差不多很大，可以用较少位来表示。

（2）变换编码

变换编码是指先对信号进行某种函数变换，从一种信号空间转换到另一种信号空间，然后再对信号进行编码。如将时域信号变换到频域，因为声音、图像信号在频域中其能量相对集中在直流及低频部分，高频部分则只包含少量的细节，如果去除这些细节，并不影响人类对声音或图像的感知效果，所以对变换后的信号进行编码，能够大大压缩数据。

变换编码包括四个步骤：变换、变换域采样、量化和编码。变换本身并不进行数据压缩，它只把信号映射到另一个域，使信号在变换域里容易进行压缩，变换后的样值更独立和有序。典型的变换有离散余弦变换 DCT、离散傅里叶变换 DFT、沃尔什—哈达玛变换 WHT 和小波变换等。量化是将处于取值范围 X 的信号映射到一个较小的取值范围 Y 中，压缩后的信号比原信号所需的比特数减少。

（3）基于模型编码

如果把以预测编码和变换编码为核心的基于波形的编码称为第一代编码技术，则基于模型的编码就是第二代编码技术。

基于模型编码的基本思想是：在发送端，利用图像分析模块对输入图像提取紧凑和必要的描述信息，得到一些数据量不大得模型参数；在接收端，利用图像综合模块重建原图像，是对图像信息的合成过程。

（4）分形编码

分形编码的目的是发觉自然物体（如大地、森林等）在结构上的自相似形，这种自相似形是图像整体与局部相关性的表现。分形编码正是利用了分形几何中的自形似的原理来实现的。首先对图像进行分块，然后寻找各块之间的相似形，这里相似形的描述主要是依靠仿射变换确定的。一旦找到了每块的仿射变换，就保存这个仿射变换的系数。由于每块的数据量远大于仿射变换的系数，因而图像得以大幅度的压缩。

分形编码以其独特新颖的思想，成为目前数据压缩领域的研究热点之一。分形编码、基于模型编码与经典图像编码方法相比，在思想和思维上有了很大的突破，理论上的压缩比可超出经典编码方法两三个数量级。

（5）矢量量化编码

矢量量化编码也是在图像、语音信号编码技术中研究得比较多的新型量化编码方法之一。在传统的预测和变换编码中，首先将信号经某种映射变换变成一个数的序列，然后对其逐个地进行标量量化编码。而在矢量量化编码中，则是把输入数据几个一组的分成许多组，成组地量化编码，即：将这些数看成一个 k 维矢量，然后以矢量为单位逐个矢量进行量化。矢量量化是一种有限失真编码，其原理仍可用信息论中的信息率失真函数理论来分析。

1.4 计算机病毒及其防治

随着计算机应用的推广和普及，计算机病毒也随之渗透到计算机世界的每个角落。常以人们意想不到的方式侵入计算机系统，为了保证计算机系统的正常运行和数据的安全，广大的计算机用户应加深对计算机病毒的了解，掌握计算机防毒杀毒的方法。

1.4.1 计算机病毒的定义、特点和分类

1．计算机病毒

计算机病毒是一种在计算机系统运行过程中，能把自身精确复制或有修改地复制到其他程序内的程序。1994 年，我国颁布实施的《中华人民共和国计算机信息系统安全保护条例》第二十八条中，明确指出：计算机病毒是指编制或在计算机程序中插入的破坏计算机功能或毁坏数据，影响计算机使用，并能自我复制的一组计算机指令或者程序代码。

2．计算机病毒的特点

计算机病毒一般具有以下特点：

（1）寄生性

计算机病毒是一种特殊的寄生程序。它寄生在其他程序中，不易被人发觉。

（2）传染性

传染性是计算机病毒的基本特征。计算机病毒通过各种渠道从已被感染的计算机扩散到未被感染的计算机。正常的计算机程序是不会强行传播的，所以是否具有传染性是判别一个程序是否为计算机病毒的最重要的条件。

（3）隐蔽性

计算机病毒一般是具有很高的编程技巧，短小精悍的程序代码。它通常附在正常程序或磁盘较隐蔽的地方，很难被用户发觉。

（4）潜伏性

计算机病毒具有寄生能力，在感染系统和程序后，一般并不会马上发作，它可以长期隐藏在系统中，只有在满足特定条件时才会发作。

（5）破坏性

计算机病毒侵入系统后，就会对系统及应用程序产生不同程度的影响，轻者会占用系统资源、时间，重者会破坏系统的运行，破坏程序或数据文件，造成系统崩溃。

3．计算机病毒的分类

计算机病毒分类方法很多，通常使用以下几种分类方法。

（1）按破坏性程度分类

① 良性病毒。不影响计算机系统的运行，只是不停地扩散的病毒。

② 恶性病毒。主要指其代码中包含有损伤和破坏计算机系统的操作。在其传染发作时对系统产生直接破坏作用的病毒。

③ 极恶性病毒。主要指造成系统崩溃无法启动的病毒。

④ 灾难性病毒。主要指破坏分区表、分拣分配列表 FAT、主引导程序、删除数据文件的病毒。

（2）按感染方式分类

① 引导区型病毒

这类病毒主要是通过各种移动存储介质感染引导区、蔓延到硬盘，并能感染到主引导记录。

② 文件型病毒

文件型病毒是文件感染者也称为寄生病毒。它运行在计算机的存储器中，通常感染扩展名为.com、.exe、.sys 等类型文件。每一次激活时感染文件把自身复制到其他文件中，并在存储器中保留很长时间，直到病毒再次被激活。

③ 混合型病毒

它具有引导区病毒和文件型病毒两者的特点，既感染引导区又感染文件，因此扩大了传染途径。

④ 宏病毒

宏病毒指用 BASIC 语言编写的病毒程序，并以宏代码的形式寄生在 Office 文档上。宏病毒影响对文档的各种操作，当打开 Office 文档时，宏病毒就被执行，它是发展最快的病毒，能通过电子邮件、Web 下载等途径进行传播。

⑤ 网络病毒

主要是利用 JAVA、VB 和 ActiveX 的特性撰写的病毒，并通过计算机网络感染网络中的计算机。

（3）按链接方式分类

① 源码型病毒

主要攻击高级语言编写的源程序。

② 入侵型病毒

主要攻击某些特定程序，针对性强。

③ 操作系统病毒

主要攻击感染操作系统。

④ 外壳型病毒。

通常将自身附在正常程序的开头或结尾，相当于给正常程序加了个外壳。大部分文件型病毒都属于这一类。

计算机病毒较难被检测到，但当计算机感染病毒后，会表现出一些异常现象。如计算机反应迟钝、程序载入时间比平时更长、系统存储容量忽然大量减少、磁盘可利用空间突然减少、可执行文件的长度增加、系统文件丢失或被损坏、计算机经常出现死机等现象。当发现计算机感染了病毒，应及时进行病毒检测和杀毒处理。一般的用户可以利用反病毒软件进行查杀，如江民杀毒、瑞星杀毒、诺顿杀毒、卡巴斯基等。

1.4.2 计算机病毒的预防

病毒在计算机之间传播的途径主要有两种：一种是通过存储媒介载入计算机，比如硬盘、光盘等。另一种是在网络通信过程中通过不同的计算机之间的信息交换。为了保证计算机运行的安全有效，在使用计算机的过程中主要做好对病毒的预防，如尽量不使用外来U盘、移动硬盘等移动存储设备，必须使用此类设备时，应进行病毒检测，安装杀毒软件，定期对计算机进行检测，扫描系统漏洞，更新系统补丁，及时清除病毒。定期对重要的数据、文件、程序进行备份，上网下载软件应先确认不带病毒，最好选择正规的网站下载；对系统文件和重要数据写保护加密；对网络计算机系统设置不同的用户权限等。

1.5 习题

1. 第二代电子计算机使用的电子器件是
   A）电子管　　　　　　　　　　　　B）晶体管
   C）集成电路　　　　　　　　　　　D）超大规模集成电路

2. 目前，制造计算机所用的电子器件是
   A）电子管　　　　　　　　　　　　B）晶体管
   C）集成电路　　　　　　　　　　　D）超大规模集成电路

3. 计算机病毒是指
   A）带细菌的磁盘　　　　　　　　　B）已损坏的磁盘
   C）具有破坏性的特制程序　　　　　D）被破坏的程序

4. 将十进制数97转换成无符号二进制整数等于
   A）1011111　　　　　　　　　　　　B）1100001
   C）1101111　　　　　　　　　　　　D）1100011

5. 与十六进制数 AB 等值的十进制数是
   A）171　　　　　　　　　　　　　　B）173
   C）175　　　　　　　　　　　　　　D）177

6. 与二进制数 101101 等值的十六进制数是
   A）1D　　　　　　　　　　　　　　B）2C
   C）2D　　　　　　　　　　　　　　D）2E

7. 设汉字点阵为32×32，那么100个汉字的字形状信息所占用的字节数是
   A）12 800　　　　　　　　　　　　B）3 200
   C）32×3 200　　　　　　　　　　　D）128K

8. 大写字母 B 的 ASCII 码值是
   A）65　　　　　　　　　　　　　　B）66

C）41H   D）97

9. 计算机中所有信息的存储都采用
   A）十进制   B）十六进制
   C）ASCII 码   D）二进制

10. 标准 ASCII 码的码长是
    A）7   B）8   C）12   D）16

11. 存储 24×24 点阵的一个汉字信息，需要的字节数是
    A）48   B）72   C）144   D）192

12. 下列不能用作存储容量单位的是
    A）Byte   B）MIPS   C）KB   D）GB

13. 下列描述中不正确的是
    A）多媒体技术最主要的两个特点是集成性和交互性
    B）所有计算机的字长都是固定不变的，都是 8 位
    C）计算机的存储容量是计算机的性能指标之一
    D）各种高级语言的编译系统都属于系统软件

参考答案

1. B   2. D   3. C   4. B   5. A   6. C
7. A   8. B   9. D   10. A   11. B   12. B   13. B

第2章 计算机系统

计算机系统包括硬件系统和软件系统两大部分。其中硬件系统包括主机（中央处理器和内存储器）和外部设备（输入设备、输出设备和外存储器）。软件系统包括系统软件（操作系统、语言处理程序和数据库管理系统）和应用软件。

硬件系统是指组成计算机系统的各种物理设备的总称。软件是指计算机运行需要的程序、数据和有关的技术文档资料。计算机硬件是支撑软件工作的基础，没有软件的计算机通常被称为"裸机"，无法工作。只有将两者有效地结合起来，计算机系统才能成为有生命力、有活力的系统。

2.1 计算机硬件的组成

计算机硬件系统基本上都采用冯·诺依曼结构，即计算机都是由运算器、控制器、存储器和输入设备、输出设备五大部件组成。

2.1.1 运算器

运算器主要负责对信息加工处理，运算器从内存储器得到需要加工的数据，对数据进行算数运算和逻辑运算，并将最后结果送回到内存储器中。运算通常由算数逻辑单元、通用寄存器、多路转换器和数据总线组成。

运算器的性能指标是衡量整个计算机性能的重要因素之一，与运算器相关的性能指标包括计算机的字长和运算速度。

字长是指计算机运算部件一次能同时处理的二进制数据的位数。字长的大小决定了计算机的运算精度，字长越长，所能处理的数的范围越大，运算精度越高处理速度越快。

运算速度是计算机每秒钟所能执行加法指令的数目。

2.1.2 控制器

控制器是中央处理器的核心部件。它控制和协调整个计算机的工作。控制器由指令寄存器（IR）、指令译码器（ID）、程序计数器（PC）和操作控制器（OC）4个部分组成。

计算机的工作过程实际上是快速地执行指令的过程。计算机的指令执行过程分为如下几个步骤：

（1）取指令

从内存储器中取出指令送到指令寄存器。

（2）分析指令

对指令寄存器中存放的指令进行分析，由译码器对操作码进行译码，将指令的操作码转换成相应的控制电信号，并由地址码确定操作的地址。

（3）执行指令

根据指令译码器向各个部件发出控制信号，完成该指令所需要的操作，控制单元将执行结果写入内存。

一条指令执行完毕，程序计数器加 1 或转移地址码送入程序计数器。然后回到步骤（1）为执行下一条指令做好准备。

硬件系统的核心是中央处理器（CPU），它主要由控制器和运算器组成。

时钟频率是指 CPU 的时钟频率，是微型计算机性能的一个重要指标，它的高低一定程度上决定了计算机速度的高低。主频越高，速度越快。

2.1.3　存储器

存储器（Memory）是计算机的记忆装置，用来存储当前要执行的程序、数据以及结果。所以，存储器应该具备存数和取数功能。存数是指往存储器里"写入"数据；取数是指从存储器里"读取"数据。读写操作统称对存储器的访问。存储器分为内存储器（简称内存）和外存储器（简称外存）两类。

中央处理器（CPU）只能直接访问存储在内存中的数据。外存中的数据只有先调入内存后，才能被中央处理器访问和处理。

存储器分为两大类：一类是设在主机中的内部存储器（简称内存），也叫主存储器，用于存放当前运行的程序和程序所用的数据，属于临时存储器；另一类是属于计算机外部设备的存储器，叫外部存储器（简称外存），或称辅助存储器（简称辅存）。外存属于永久性存储器。当需要某一程序或数据时，首先应调入内存，然后再运行。一般的微型计算机中都配置了高速缓冲存储器（Cache），这时内存包括主存和高速缓存两部分。

1. 内存

内存储器主要用于存放计算机当前正在运行的程序、用到的数据信息和运算结果等。

内存按存取方式可分为随机存取器（RAM）和只读存取器（ROM）。通常所说的内存容量一般是指 RAM 的大小，RAM 的内容可以随机地读出或写入，断电时，RAM 的内容丢失。RAM 可分为静态随机存储器（SRAM）和动态随机存储器（DRAM）

ROM 中的内容是由生产制造商一次性写入固化的，使用时只能读不能写入。

高速缓冲存储器（Cache）主要是为了解决 CPU 和主存速度不匹配，为提高存储器速度而设计的，Cache 一般用 SRAM 存储芯片实现。Cache 产生的理论依据是局部性原理。

2. 外存

在计算机存储系统中，内存用来存放当前需要运行的程序和数据，容量相对较小，外存则是用来存放需联机存储但暂不运行的程序和数据，外存在功能上是内存的后备和补充，又称辅助存储器。对外存的需求是容量大、成本低，掉电后能长期保存信息。目前最常用的有硬盘、U 盘和光盘等。

（1）硬盘

硬盘具有容量大、速度快、价格相对便宜等特点。是计算机系统最常见的辅存。硬盘属于旋转的磁表面存储设备。由磁盘盘片、磁头、磁盘驱动器和磁盘控制器组成。硬盘使用前需要进行格式化。格式化后的硬盘容量为数据总容量。目前硬盘的容量普遍在 500 GB 以上，个别高达 2 TB。

硬盘的盘片由铝合金制成，表面涂有磁性材料，通过读写头把信息记录在盘片上。磁盘由多个盘片构成，多个盘片安装在同一个轴上，实现同时转动。将磁盘旋转一周后写入磁盘的数据位形成的环形称为磁道。磁盘盘片中有多个磁道，每个磁道可以划分为固定长度的扇区。位于同一半径的磁道的集合称为柱面。磁盘的总容量可以简单计算出来，即

$$磁盘总容量＝磁头数×柱面数×磁道扇区数×每扇区字节数$$

硬盘的性能指标主要包括：记录密度、容量和平均存取时间。记录密度分为道密度和位密度。道密度指盘面径向上单位长度的磁道数目。位密度是指磁道上单位长度存储的二进制位的数目。平均存取时间为寻道时间、旋转定位时间和读 / 写数据时间之和。其中，寻道时间是把磁头移到目标磁道所需要的时间，包括磁头启动和稳定时间。旋转定位时间是指将磁道上的目标扇区旋转到磁头下所花费的时间。读 / 写数据时间也称为数据传输时间，是指磁盘与内存间进行数据传输所花费的时间。

硬盘与主机的接口为面向 PC 机的电子集成驱动器 IDE、面向服务器的小型计算机系统接口 SCSI 和面向多硬盘系统的高端服务器的光纤通道。

IDE 的前身是 ATA，所以也有人称 IDE 为 PATA。目前，IDE 已发展成为结构简单、支持热拔的 SATA。使用 SATA 接口的硬盘称为串口硬盘，SATA 国标组织在 2009 年 5 月颁布的新标准 SATA 3.0 传输速率可达到 6 GB/s。

（2）USB 优盘

随着信息技术的不断发展，几十兆甚至几百兆的信息交换已经成为日常工作中的家常便饭。近几年来，更多小巧、轻便、价格低廉的移动存储产品正在不断涌现和普及。

USB 优盘又称拇指盘。它利用闪存（Flash Memory）在断电后还能保持存储数据而不丢失的特点而制成，非常适合复制文件及数据交换等应用。由于闪存盘没有机械读 / 写装置，避免了移动硬盘容易碰伤、跌落等原因造成的损坏。其优点是重量轻、体积小，一般只有拇指大小，15~30 克重；通过计算机的 USB 接口即插即用，使用方便；容量有从 64 MB 到 4 GB 不等。优盘有基本型、增强型和加密型三种。基本型只提供一般的读写功能，价格是这三种盘中最低的；增强型是在基本型上增加了系统启动等功能，可以替代软驱启动系统；加密型提供文件加密和密码保护功能，在这三种盘中，它的价格最贵。

（3）光盘（Optical Disc）

光盘是一种大容量辅助存储器，呈圆盘状，与磁盘类似，也需要有光盘驱动器来读写。但它不是用电磁转换的机制读写信息，而是用光学的方式进行的。

根据类型的不同，光盘分为二类，不同种类的光盘，存取原理也有所不同。

第一类是只读型光盘，包括 CD-ROM 和 DVD-ROM。与 ROM 类似，即光盘中的数据是由生产厂家预先写入的，用户只能读取其中数据而无法修改。这类光盘目前已在微机中广泛应用。

第二类是可记录型光盘，包括 CD-R、CD-RW、DVD-R、DVD+R 和 DVD+RW。这类光盘用户可以写入。

对于 CD-R 光盘，盘上有一层可塑材料。写入数据时，用高能激光束照射光盘片，在可塑层上灼出极小的坑，并以小坑的有无表示"1"和"0"。读取时，用低能激光束入射光盘，利用盘表面上的小坑边缘和平面处的不同反射来区分"1"和"0"。当然，入射激光束的强度应比用以灼坑的激光束要弱得多。由于 CD-R 光盘中数据固定，所以常用来存放无需修改的数据或计算机辅助教学软件等。

可擦除型光盘，盘面上涂有一层磁光材料，故也叫"磁光盘"。写入数据时，用激光束加热偏置场中的磁光材料，偏置场是由偏置线圈产生的。于是加热的位置便在偏置场的方向上被极化，待盘表面冷却后，极化状态仍保留下来，并以此记录一位信息。如果将偏置场反向并同时加热光盘表面，则相应位置上的一位信息就被擦除。因此，要改变盘上的数据，需要两步操作：首先擦除相应道（类似磁盘的磁道）上的全部数据，然后再写入新数据。读出时，则根据盘表面是否被极化而区别存储的是"1"或"0"。

光盘的特点是：

①存储容量大，价格低。目前，微机上广泛使用的直径为 120 mm 光盘的存储容量达 650 MB。这样每位二进制位的存储费用要比磁盘低得多。

②不怕磁性干扰。所以，光盘比磁盘的记录密度更高，也更可靠。

③存取速度快。目前，主流光驱为 50 倍速和 52 倍速（传输率 150 KB/s 为单倍速）。例如：50 倍速光驱的传输率为：50×150 KB/s$=7\ 500$ KB/s。

DVD 光盘与 CD 光盘大小相同，但它存储密度高，单面光盘可以分单层或双层存储信息，一张光盘有两面，最多可以有 4 层存储空间，所以，存储容量极大。120 mm 的单面单层 DVD 盘片的容量为 4.7 GB。DVD 光盘驱动器的单倍速为 1350 KB/s。类似 CD 光盘。

蓝光光盘是 DVD 之后的下一代光盘格式之一，用以存储高品质的影音及高容量的数据存储。蓝光的命名是由于其采用波长为 405 mm 的蓝色激光光束来进行读写操作。通常，波长越短的激光能够在单位面积上记录或读取的信息越多。因此，蓝光极大地提高了光盘的存储容量。

光盘容量：CD 光盘的最大容量是 700 MB。DVD 光盘单面最大容量为 4.7 GB、双面为 8.5 GB。蓝光光盘单面单层为 25 GB，双面为 50 GB。

3．存储器的主要技术指标

主存是 CPU 直接访问的存储器，要求其容量大，速度尽量与 CPU 匹配。主存储器的主要技术指标包括存储容量、存取时间、存取周期和存储器带宽。

存储容量是指一个存储器中可容纳的存储单元总数，存储容量越大，能存储的信息就越多。存储容量常用字数或字节数（B）来表示。存储容量这一概念仅反映了存储空间的大小。

存取时间是指从一次读操作命令发出到该操作完成将数据读出到数据总线上所经历的时间。通常取写草走时间等于读操作时间，故称为存储器存取时间。

存储周期是指连续启动两次读操作所需间隔的最小时间。

存储器带宽是指单元时间内存储器所存取的信息量，带宽是衡量数据传输速率的重要指标。

存取时间、存储周期和存储器带宽三个概念反映了主存的速度指标。

4．层次结构

为了解决同时满足存取速度快、存储容量大和存储价位低的要求，在计算机系统中通常采用多级存储器结构，即将速度、容量和价格上各不相同的多种存储器按照一定体系结构连接起来，构成存储系统。如果单独使用一种或独立使用若干种存储器，会大大影响计算机的性能。图 2-1 所示，存储器层次结构从上至下，速度越来越慢，容量越来越大，价格越来越低。

现代计算机系统基本都采用 Cache、主存和辅存三种存储系统。该系统分为"Cache—主存"层次和"主存—辅存"层次。前者主要解决 CPU 和主存速度不匹配问题，后者主要解决存储器系统容量问题。在存储系统中，CPU 可直接访问 Cache 和主存；辅存则通过主存与 CPU 交换信息。

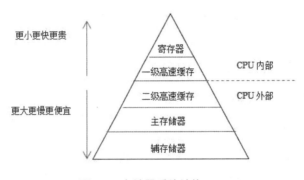

图 2-1 存储器系统结构

2.1.4 输入/输出设备

输入／输出设备（简称 I/O 设备）它是与计算机主机进行信息交换，实现人机交互的硬件设备。输入设备是将外界的程序数据、文字、图形、图像等信息送入到计算机内部的设备。常用的输入设备有键盘、鼠标扫描仪、条形码读入器、手写笔、麦克风等。输出设备是将计算机处理后的信息以人们能够识别的形式（文字、图形、数值、声音等）进行显示和输出的设备。常见的输出设备有显示器、打印机、绘图仪等。

2.1.5 计算机的结构

计算机的结构反映的是计算机各个组成部件之间的连接方式。

1．直接连接

最早的计算机基本上采用直接连接的方式，运算器、存储器、控制器和外部设备等四个组成部件之中的任意两个组成部件，相互之间基本上都有单独的连接线路。这样的结构可以获得最高的连接速度，但不易扩展。如由冯·诺依曼在 1952 年研制的计算机 IAS，基本上就采用了直接连接的结构。IAS 的结构如图 2-2 所示。

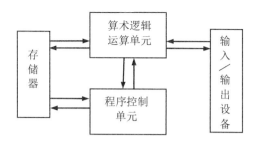

图 2-2 IAS 计算机的结构

IAS 是计算机发展史上最重要的发明之一，它是世界上第一台采用二进制的存储程序计算机，也是第一台将计算机分成运算器、控制器、存储器、输入设备和输出设备等组成部分的计算机，后来把符合这种设计的计算机称为冯·诺依曼机。IAS 是现代计算机的原型，大多数现代计算机仍在采用这样的设计。

2. 总线结构

现代计算机普遍采用总线结构。总线是连接计算机中 CPU、内存、外存、输入输出设备的一组信号线以及相关的控制电路，它是计算机中用于在各个部件之间传输信息的公共通道。

按照所传输信息的性质划分，总线分为地址总线、数据总线和控制总线。

地址总线用来传送地址信息，地址总线的位数决定了可以直接寻址的内存储器的地址范围。地址总线是单向的。数据总线用来传送数据信息，这种传送是双向的，数据总线越宽，每次交换的数据位数就越多，计算机的性能就越好。控制总线是用来传送各种控制信号。采用总线结构，提高了硬件系统的标准化、可靠性和可扩展性。常见的总线标准结构有 ISA 总线、EISA 总线、PCI 总线、AGP 总线、USB 总线、IEEE1394 总线等。

总线结构是当今计算机普遍采用的结构，其特点是结构简单清晰、易于扩展，尤其是在 I／O 接口的扩展能力方面，由于采用了总线结构和 I／O 接口标准，可以容易地加入新的 I／O 接口卡。图 2-3 是一个基于总线结构的计算机的结构示意图。

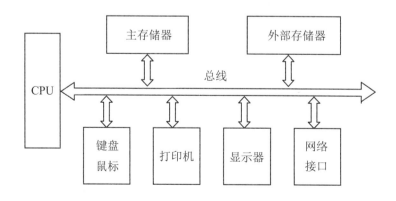

图 2-3 基于总线结构的计算机的示意图

2.2 软件系统

软件是计算机的灵魂，计算机软件是指计算机系统中的程序数据及其文档。软件是用户与硬件之间的接口界面。用户主要是通过软件与计算机进行交流。

2.2.1 程序设计语言

程序设计语言是用来编写计算机程序的语言。从发展历程上看，程序设计语言可分为三代：

（1）第一代：机器语言

机器语言是由二进制 0、1 代码指令构成，不同 CPU 具有不同的指令系统。机器语言程序难编写、难修改、编程效率极低，但它却是唯一能被计算机硬件理解和执行的语言。

（2）第二代：汇编语言

汇编语言指令是计算机指令的符号化，与机器指令存在着直接的对应关系。同样汇编语言也存在难编写、难修改、难维护。但汇编语言可直接访问系统接口，汇编程序编译成的机器语言程序的效率高。

（3）第三代：高级语言

高级语言是面向用户的，形式上更接近于自然语言。高级语言易学易用，通用性强。它不能被计算机直接执行，需要把源程序（高级语言）编译成目标程序。

编译程序是将计算机高级语言编写的程序编译成另一种计算机语言的等价的程序。主要包括编译程序和解释程序。程序最初形式称为源程序，翻译后的形式被称为目标程序。编译过程分为分析和综合两个部分，并进一步划分为词法分析、语法分析、语义分析、代码优化、存储分配和代码生成等六个逻辑步骤。然后才能生成目标程序，再经过链接程序将各个目标程序模块以及程序所调用的内部函数链接成一个可执行程序后才能执行。解释程序将源程序输入后，解释一句就提交计算机执行一句，并不形成目标程序。早期有一些高级语言是这种方式，如：BASIC、dBASE。编译过程如图 2-4 所示。

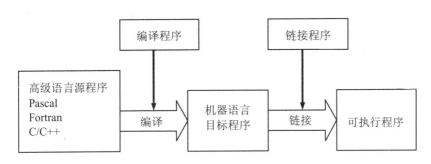

图 2-4 高级程序的编译过程

2.2.2 软件系统及其组成

计算机软件总体可分为系统软件和应用软件两大类。

1. 系统软件

系统软件是指控制和协调计算机以及外部设备，支持应用软件开发和运行的系统。是无需用户干预的各种程序的集合。主要功能是调度、监控和维护计算机系统，负责管理计算机系统中各种独立的硬件，使得它们可以协调工作。系统软件包括操作系统、数据库管理系统、系统辅助程序等。

2. 应用软件

应用软件也称为应用程序，是针对应用领域的需求，为解决某些实际问题而研制开发的程序。应用程序通常需要系统软件的支持，才能在计算机上有效地运行。例如文字处理软件、财务管理软件、图像处理软件等均属于应用软件。

2.3 操作系统

操作系统是软件系统的核心：它合理地组织计算机的工作流程，为用户提供软件的开发环境和运行环境。

2.3.1 操作系统的概念

操作系统是管理和控制计算机硬件与软件资源的计算机程序，是直接运行在"裸机"上的最基本的系统软件。任何其他软件都必须在操作系统的支持下才能运行。

操作系统是用户和计算机的接口，同时也是计算机硬件和其他软件的接口。

操作系统中的几个重要概念：

1. 进程

进程是一段程序的执行过程，是一个程序及其数据在计算机上顺利执行时所发生的活动，它是系统进行资源分配和调度的一个独立单位。进程是一个动态的概念，是一个活动的实体。

程序是一个静态的概念，而进程是程序的一次执行过程，是一个动态的概念。进程是有一定生命期的，而程序作为一种软件资料长期存在，一个程序可以对应多个进程，而一个进程只能对应一个程序。

2. 线程

线程是进程的一个实体，是 CPU 调度和分派的基本单位，线程自己不能拥有系统资源，只拥有一点在运行中必不可少的资源，但它可与同属一个进程的其他线程共享进程所拥有的全部资源。一个线程可以创建和撤销另一个线程，同一个进程中的多个线程之间可以并发执行。由于线程之间的相互制约，致使线程在运行中呈现出间断性。每个程序至少有一个线程，若程序只有一个线程，那就是程序本身。

3. 内核态和用户态

当一个任务（进程）执行系统调用而陷入内核代码中执行时就称进程处于内核运行态（简称内核态）。

当进程在执行用户自己的代码时，则称其处于用户运行态（简称用户态）。物权态即内核态，拥有计算机中所有软硬件资源；普通态即用户态，其访问资源的数量和权限均受到限制。

2.3.2 操作系统的功能

操作系统的主要功能是资源管理、程序控制和人机交互等。使计算机系统的所有资源最大限度地发挥作用，为用户提供方便、有效、友善的服务界面。

操作系统是一个庞大的管理控制程序，它大致包括以下五个管理功能：进程与处理机调度、作业管理、存储管理、设备管理和文件管理。

2.3.3 操作系统的发展

操作系统的发展大致经历了以下 6 个阶段：

（1）第一阶段：人工操作方式（20 世纪 40 年代）

从第一台计算机诞生到 50 年代中期的计算机采用单一操作员、单一控制端的操作系统。SOSC 操作系统不能自我运行，它完全是由用户采用人工操作方式直接使用计算机硬件系统的。第一代计算机在运行时，用户独占全机并且 CPU 等待人工操作，因此效率极低。

（2）第二阶段：单道批处理操作系统（20 世纪 50 年代）

SOSC 效率低是因为机器和人速度不匹配，CPU 永远都在等待人的命令。如果将每个人需要运行的作业事先输入到磁盘上，交给专人统一处理，并由专门的监督程序控制作业一个接一个地执行，则可以减少 CPU 的空闲时间。这就是批处理操作系统。这个时代的计算机内存中只能存放一道作业，所以称为单道批处理系统。在这一时期，出现了文件的概念。因为多个作业都存放在磁盘上，必须以某种形式进行隔离，这就抽象出一个区分不同作业的文件概念。

（3）第三个阶段：多道批处理操作系统（20 世纪 60 年代）

单道批处理系统中 CPU 和 I/O 设备是串行执行的，CPU 和 I/O 设备的速度不匹配导致 CPU 一直等待 I/O 读写结束而无法做其他作业。是否能让 CPU 和 I/O 并发执行呢？当 I/O 读写一个程序时，CPU 可以正常执行另一个程序，这就需要将多个程序同时加载到计算机内存中，从而出现了多道批处理操作系统。操作系统能够实现多个程序之间的切换。它既要管理程序，又要管理内存，还要管理 CPU 调度，复杂程度迅速增加。

（4）第四阶段：分时操作系统（20 世纪 70 年代）

在批处理系统中，用户编写的程序只能交给别人运行和处理，执行结果也只能靠别人识别。这种对程序脱离监管的状态让用户无法接受。能否既让使用者亲自操作计算机，又能同时运行多个程序？这就是分时操作系统。计算机给每个用户分配有限的时间，只要时间片一到，就强行将 CPU 的使用权交给另一个程序。分时操作系统将机器等人转变为人等机器。如果时间片划分合理，用户就感觉好像自己在独占计算机，而实质上则是由操作系统以时间片方式协调多个用户分享 CPU。

分时操作系统最需要解决的难题是如何公平地分配和管理资源。这一时期的计算机系统需要面对竞争、通信、死锁、保护等一系列新功能，操作系统变得更复杂。

（5）第五阶段：实时操作系统（20世纪70年代）

随着信息技术的发展，计算机被广泛应用到工业控制领域。该领域的一个特殊要求就是计算机对各种操作必须在规定时间内做出响应，否则有可能导致不可预料的后果。为了满足这些应用对响应时间的要求，出现了实时操作系统。实时操作系统是指在所有任务都在规定时间内完成的操作系统。这里的"实时"并不表示反应速度快，而是指反应要满足时序可预测性的要求。实时操作系统又分为软实时系统和硬实时系统。这里的软和硬指对时间约束的严格程度。软实时系统在规定时间内得不到相应的后果是可以承受的，软实时系统的时限是一个柔性灵活的时限，失败造成的后果并不严重，例如在网络中超时失败仅仅是降低了系统的吞吐量。硬实时系统有一个刚性的不可改变的时间限制，超时失败会带来不可承受的灾难，如导弹防御系统。

实时操作系统中最重要的任务是进程或工作调度，只有精确、合理和及时的进度才能保证响应时间。另外，实时操作系统对可靠性和可用性要求也非常高。

（6）第六阶段：现代操作系统（20世纪80年代至今）

网络的出现，触发了网络操作系统和分布式操作系统的产生，两者合称为分布式系统。分布式系统的目的是将多台计算机虚拟成一台计算机，将一个复杂任务分化成若干简单子任务，分别让多台计算机并行执行。网络操作系统和分布式操作系统的区别在于前者是已有操作系统基础上增加网络功能，后者是从设计之初就考虑到多机共存问题。

2.3.4 操作系统的种类

操作系统的种类繁多，依其功能和特性可分为批处理操作系统、分时操作系统和实时操作系统等；依同时管理用户数的多少可分为单用户操作系统和多用户操作系统；还有适合管理计算机网络环境的网络操作系统。通常操作系统有以下5类：

（1）单用户操作系统（Single User Operating System）

单用户操作系统的主要特征是计算机系统内一次只能支持运行一个用户程序。这类系统的最大缺点是计算机系统的资源不能充分被利用。微型机的DOS、Windows操作系统属于这一类。

（2）批处理操作系统（Batch Processing Operating System）

批处理操作系统是20世纪70年代运行于大、中型计算机上的操作系统，当时由于单用户单任务操作系统的CPU使用效率低，I/O设备资源未充分利用，因而产生了多道批处理系统，它主要运行在大、中型机上。多道是指多个程序或多个作业（MultiPrograms or MultiJobs）同时存在和运行，故也称为多任务操作系统。IBM的DOS/VSE就是这类系统。

（3）分时操作系统（Time-Sharing Operating System）

分时系统是一种具有如下特征的操作系统：在一台计算机周围挂上若干台近程或远程终端，每个用户可以在各自的终端上以交互的方式控制作业运行。

在分时系统管理下，虽然各用户使用的是同一台计算机，但却能给用户一种"独占计算机"的感觉。实际上是分时操作系统将CPU时间资源划分成极短的时间片（毫秒量级），轮流分给每个终端用户使用，当一个用户的时间片用完后，CPU就转给另一个用户，前一个用户只能等待下一次轮到。由于人的思考、反应和键入的速度通常比 CPU 的速度慢得多，所以只要同时上机的用户不超过一定数量，人不会有延迟的感觉，好像每个用户都独占着计算机。分时系统的优点是：第一，经济实惠，可充分利用计算机资源；第二，由于采用交互会话方式控制作业，用户可以坐在终端前边思考、边调整、边修改，从而大大缩短了解题周期；第三，分时系统的多个用户间可以通过文件系统彼此交流数据和共享各种文件，在各自的终端上协同完成共同任务。分时操作系统是多用户多任务操作系统，UNIX 是国际上最流行的分时操作系统。此外，UNIX 具有网络通信与网络服务的功能，也是广泛使用的网络操作系统。

（4）实时操作系统（Real-Time Operating System）

在某些应用领域，要求计算机对数据能进行迅速处理。例如，在自动驾驶仪控制下飞行的飞机、导弹的自动控制系统中，计算机必须对测量系统测得的数据及时、快速地进行处理和反应，以便达到控制的目的，否则就会失去战机。这种有响应时间要求的快速处理过程叫做实时处理过程。当然，响应的时间要求可长可短，可以是秒、毫秒或微秒级的。对于这类实时处理过程，批处理系统或分时系统均无能为力了，因此产生了另一类操作系统——实时操作系统。配置实时操作系统的计算机系统称为实时系统。实时系统按其使用方式可分成两类：一类是广泛用于钢铁、炼油、化工生产过程控制，武器制导等各个领域中的实时控制系统；另一类是广泛用于自动订购飞机票、火车票系统，情报检索系统，银行业务系统，超级市场销售系统中的实时数据处理系统。

（5）网络操作系统（Network Operating System）

网络是将物理上分布（分散）的具有独立功能的多个计算机系统互联起来，通过网络协议在不同的计算机之间进行信息交换、网络管理、资源共享、通信及系统安全等。它们都是按照各自的标准协议进行开发的。

用户可以突破地理条件的限制，方便地使用远程的计算机资源。提供网络通信和网络资源共享功能的操作系统称为网络操作系统。

2.3.5　典型操作系统

典型的操作系统主要包括 DOS 操作系统、Windows 操作系统、UNIX 操作系统以及 Linux 操作系统。

1. DOS 操作系统

DOS 操作系统是一种单用户、单任务的计算机操作系统。DOS 采用字符界面，必须输入各种命令来操作计算机，不利于一般用户操作计算机。

2. Windows 操作系统

Windows 操作系统是一种面向对象的图形界面，友好生动的用户界面，支持各种设备，支持即插即用技术，可同时运行多个应用程序。先进的内存管理，内置的网络通信功能，吸引了大批的用户。

3. UNIX 操作系统

UNIX 取得成功的最重要原因是系统的开放性，公开源代码，易移植，易理解，易修改。用户可以方便地向 UNIX 系统中添加新功能。UNIX 是可以安装和运行在从微型机、工作站到大型机和巨型机上的操作系统。

　　4．Linux 操作系统

　　Linux 是一个开放源代码、类 UNIX 的操作系统。它除继承了 UNIX 操作系统的优点外，还进行了许多改进，从而成为一个真正的多用户、多任务的操作系统。

2.4　习题

1．一个完整的计算机系统包括

　　A）计算机及其外部设备　　　　　B）主机、键盘、显示器

　　C）系统软件和应用软件　　　　　D）硬件系统和软件系统

2．组成中央处理器（CPU）的主要部件是

　　A）控制器和内存　　　　　　　　B）运算器和内存

　　C）控制器和寄存器　　　　　　　D）运算器和控制器

3．计算机的内存储器是指

　　A）RAM 和 C 磁盘　　　　　　　B）ROM

　　C）ROM 和 RAM　　　　　　　　D）硬盘和控制器

4．下列各类存储器中，断电后其中信息会丢失的是

　　A）RAM　　　　　B）ROM　　　　C）硬盘　　　　　D）光盘

5．计算机能够直接识别和执行的语言是

　　A）汇编语言　　　B）自然语言　　C）机器语言　　　D）高级语言

6．将高级语言源程序翻译成目标程序，完成这种翻译过程的程序是

　　A）汇编程序　　　B）编辑程序　　C）解释程序　　　D）编译程序

7．下列叙述中，正确的是

　　A）激光打印机属击打式打印机

　　B）CAI 软件属于系统软件

　　C）就存取速度而论，优盘比硬盘快，硬盘比内存快

　　D）计算机的运算速度可以 MIPS 来表示

8．操作系统对磁盘进行读／写操作的物理单位是

　　A）磁道　　　　　B）扇区　　　　C）字节　　　　　D）文件

9．下列选项中不属于总线的是

　　A）数据总线　　　B）信息总线　　C）地址总线　　　D）控制总线

10．计算机网络的主要目标是实现

　　A）数据处理和网络游戏　　　　　B）文献检索和网上聊天

　　C）快速通信和资源共享　　　　　D）共享文件和收发邮件

参考答案

1．D　2．D　3．C　4．A　5．C　6．D　7．D　8．B　9．B　10．C

第 3 章 Windows 7 操作系统

计算机发展到今天,从微型机到高性能计算机,无一例外都配置了一种或多种操作系统,操作系统已经成为现代计算机系统不可分割的重要组成部分。本章介绍典型的 Windows 7（书中简称 Windows）操作系统的环境及使用方法。

通过本章的学习，应掌握：

1. 桌面、任务栏、菜单、窗口和对话框的基本操作。
2. 使用资源管理器管理文件和文件夹。
3. 个性化工作环境的设置。
4. 中文输入法的安装、删除和选用。
5. 掌握搜索文件、程序的方法。
6. 掌握基本的网络配置。
7. 了解 Windows 7 软硬件的基本系统工具。

3.1　Windows 7 操作系统简介

2009 年 10 月 23 日微软公司产品 Windows 7 操作系统正式在全球发布。"Your PC, simplified" Windows 7 的宣传语简单而朴素，但它将为人们带来卓越的新体验。

1. Windows 7 的几种版本

同以往的 Windows 一样 Windows 7 页包含了许多版本。它共有 6 个版本：

Windows 7 Starter（初级版）：用户可以通过系统集成或 OEM 计算机上预装获得功能最少。

Windows 7 Home Basic（家庭普通版）：简化的家庭版，限制了部分 Aero 特效，不支持 Windows 媒体中心，不能创建家庭网络组。

Windows 7 Home Premium（家庭高级版）：主要面向家庭用户，满足家庭娱乐的各种需求。

Windows 7 Professional（专业版）：主要面向系统爱好者和小企业用户，满足日常办公的需要包含了加强的网络功能还具有网络备份、位置感知打印、加密文件系统、演示模式以及 Windows XP 模式等功能。

Windows 7 Enterprise（企业版）：面向企业市场的高级版本，满足企业数据共享、管理、安全等需求。包含多语言包、UNIX 应用支持以及分支缓存等功能。

Windows 7 Ultimate（旗舰版）：拥有企业版所有功能与企业版基本相同仅在授权方式及相关应用和服务上有所区别。

2. Windows 7 操作系统的硬件需求

Windows 7 操作系统的硬件需求主要有以下几方面：

处理器：最低 1 GHz 的 32 位或 64 位处理器。

内存：1 GB 及以上。

显卡：支持 DirectX9 且显存容量为 128 MB。

硬盘空间：至少拥有 16 GB 可用空间的 NTFS。

显示器：分辨率至少在 1024×768 像素，低于该分辨率则无法正常显示部分功能。

3．Windows 7 操作系统的新体验

Windows 7 使用的界面给用户带来一种水晶玻璃般的视觉冲击，让人感到简洁亮丽。增加了对主题的支持，除了设置窗口的颜色和背景，还包括音效设置、屏幕保护程序、显示方式等。

Windows 7 使电脑操作变得前所未有的简单。任务栏比以往有较大改变，完善的缩略图预览更易于查看的图标，使用户实现快速切换窗口；快速锁定功能通过将程序锁定到任务栏，使程序打开如此方便只需单击一次鼠标即可；Jump List 是按打开程序分组的图片、歌曲、文本等文件的列表，方便用户直接从打开关联程序的任务栏打开所需文件。

Windows 7 中的资源管理器让用户有一种全新的感觉。地址栏采用级联按钮，可以快捷的实现目录跳转；搜索栏提供的筛选器可以轻松设置检索条件，缩小搜索范围，还可以查找程序，在搜索结果中直接打开程序。

在以往的 Windows 操作系统中大多数用户总是以树状结构来组织和管理计算机中的各类数据。为了帮助用户有效的管理硬盘上的各种文件，Windows 7 提供了新的文件管理方式：库。库在 Windows 7 里是用户指定的特定内容集合，和文件夹管理方式相互独立，它可将分散在硬盘不同位置的数据，用一种特殊的规则集合起来，便于用户查看、使用。

Windows 7 还提供了一些实用小工具，为用户带来便利和乐趣。右键单击桌面空白处，在弹出的快捷菜单单击"小工具"，拖拽小工具到桌面。

3.2　认识 Windows 界面

计算机应用之所以能够如此迅速地进入各行各业、千家万户，各种媒体信息之所以能够方便、快捷地获取、加工和传递，得益于计算机、网络、多媒体等技术的发展，其中具有图形化界面的操作环境起了很大的推动作用。它以直观、方便的图形界面呈现在用户面前，用户无需在提示符后面输入具体命令，而是通过单击鼠标来告诉计算机要做什么。

3.2.1　Windows 的桌面

本节将通过图示具体介绍中文 Windows 7 系统的操作环境特色。

1．Windows 7 的安装

Windows 7 的安装可以通过多种方式进行，通常使用升级安装、全新安装、双系统共存安装三种方式。由于 Windows 7 内置了高度自动化的安装程序向导，使整个安装过程更加简便、易操作，用户不需要做太多的工作，除了输入少量的个人信息，整个过程几乎是全自动的。使用的安装方式不同，整个安装过程进行步骤也就不同，可根据实际情况具体对待，只

要按安装程序向导的提示进行即可成功安装 Windows 7。

2．登录 Windows 7

Windows 7 的登录界面是完全动态的，只要在用户名上面单击一下，便会看见密码输入栏自动展开。另外，不同的用户可以用不同的图标来代表自己，既直观又实用。"登录"过程用以确认用户身份。

3．桌面上的图标

"桌面"就是安装 Windows 7 后，启动计算机登录到系统后看到的整个屏幕界面，它是用户和计算机进行交流的窗口，上面可以存放用户经常用到的应用程序和文件夹图标，并可以根据自己的需要在桌面上添加各种快捷图标，如图 3-1 所示。

图 3-1　Windows"桌面"

"图标"是指在桌面上排列的小图像，它包含图形和说明文字两部分。如果把鼠标放在图标上停留片刻，桌面上就会出现对图标所表示内容的说明，双击图标就可以打开相应的内容。如果想恢复系统默认的图标，可执行下列操作：

（1）右击桌面，在弹出的快捷菜单中选择"个性化"命令中的"更改桌面图标"。

（2）弹出"桌面图标设置"对话框，如图 3-2 所示。

图 3-2　"桌面图标设置"对话框

（3）在"桌面图标"选项组中选中"计算机"、"用户文件"等复选框，单击"还原默认值"按钮。

（4）单击"应用"按钮，然后关闭该对话框，这时就可以看到系统默认的图标了。

需要对桌面上的图标进行位置调整时，可在桌面的空白处右击，在弹出的快捷菜单中选择"排列方式"命令，在子菜单项中包含了多种排列方式，如名称、大小、项目类型和修改日期等，如图 3-3 所示。

图 3-3　"排列方式"命令

提示：

若取消图 3-4"查看"命令中"显示桌面图标"前的"√"标志，桌面上将不显示任何图标。

图 3-4　"查看"命令

3.2.2　Windows 的窗口

1. 窗口的基本组成及操作

当打开一个文件或者是应用程序时，都会出现一个窗口，窗口是我们进行操作时的重要组成部分，熟练地对窗口进行操作，将提高用户的工作效率。

图 3-5 是一个典型的 Windows 窗口，表 3-1 列出了 Windows 窗口的组成部件及其用途。

图 3-5　Windows 窗口举例

表 3-1　Windows 窗口组成部件及其用途

窗口部件	用途
导航窗格	使用导航窗格可以访问库、文件夹、保存的搜索结果，甚至可以访问整个硬盘。使用"收藏夹"部分可以打开最常用的文件夹和搜索；使用"库"部分可以访问库。您还可以展开"计算机"文件夹浏览文件夹和子文件夹
"后退"和"前进"按钮	使用"后退"按钮和"前进"按钮可以导航至已打开的其他文件夹或库，而无需关闭当前窗口
工具栏	使用工具栏可以执行一些常见任务，如更改文件和文件夹的外观、将文件刻录到 CD 或启动数字图片的幻灯片放映。工具栏的按钮可更改为仅显示相关的任务
地址栏	使用地址栏可以导航至不同的文件夹或库，或返回上一文件夹或库
库窗格	仅当您在某个库（例如文档库）中时，库窗格才会出现。使用库窗格可自定义库或按不同的属性排列文件
列标题	使用列标题可以更改文件列表中文件的整理方式
文件列表	此为显示当前文件夹或库内容的位置。如果您通过在搜索框中键入内容来查找文件，则仅显示与当前视图相匹配的文件（包括子文件夹中的文件）
"搜索"框	在搜索框中键入词或短语可查找当前文件夹或库中的项。一开始键入内容，搜索就开始了。因此，例如，当您键入"B"时，所有名称以字母 B 开头的文件都将显示在文件列表中
细节窗格	使用细节窗格可以查看与选定文件关联的最常见属性。文件属性是关于文件的信息，如作者、上一次更改文件的日期，以及可能已添加到文件的所有描述性标记
预览窗格	使用预览窗格可以查看大多数文件的内容。如果看不到预览窗格，可以单击工具栏中的"预览窗格"按钮□打开预览窗格

窗口操作在 Windows 系统中是很重要的，可以通过鼠标使用窗口上的各种命令来操作，也可以通过键盘来使用快捷键操作。

基本的操作包括打开、移动、缩放、最大化及最小化、切换和关闭窗口等。

（1）打开窗口

打开窗口有下列方法：

①选中要打开的窗口图标，然后双击。

②在选中的图标上右击，在弹出的快捷菜单中选择"打开"命令，如图 3-6 所示。

（2）移动窗口

移动窗口可按下列方法：

①在标题栏上按下鼠标左键拖动，移动到合适的位置后再松开鼠标，即可完成移动的操作。

②如果需要精确地移动窗口，则在标题栏上右击，在弹出的快捷菜单中选择"移动"命令，如图 3-7 所示。当屏幕上出现"✛"标志时，再通过键盘上的方向键来移动，移动到合适的位置后用鼠标单击或者按 Enter 键确认。

图 3-6　右击图标弹出的快捷菜单　　图 3-7　右击标题栏弹出的快捷菜单

（3）缩放窗口

可以随意改变窗口大小将其调整到合适的尺寸，方法如下：

①当需要改变窗口宽度（或高度）时，可以把鼠标指针放在窗口的垂直（或水平）边框上，当鼠标指针变成双向箭头时，可以任意拖动。

②当需要对窗口进行等比缩放时，可以把鼠标指针放在边框的任意角上进行拖动。

③用户也可以用鼠标和键盘的配合来完成。在标题栏上右击，在弹出的快捷菜单中选择"大小"命令，屏幕上出现"✛"标志时，通过键盘上的方向键来调整窗口的高度和宽度，调整至合适位置后，用鼠标单击或者按 Enter 键结束。

（4）最大化、最小化窗口

在对窗口进行操作的过程中，可以根据自己的需要，把窗口最小化、最大化等。

①最小化按钮■：在暂时不需要对窗口操作时，可以直接在标题栏上单击此按钮，窗口会以按钮的形式缩小到任务栏。

②最大化按钮■：单击此按钮即可使窗口最大化，即铺满整个桌面，这时不能再移动或缩放窗口。

③还原按钮■：当窗口最大化后单击此按钮，使窗口恢复原来打开时的初始状态。

④在窗口上部双击可以进行最大化与还原两种状态之间的切换。

⑤可以通过快捷键 Alt+空格键来打开控制菜单，然后根据菜单的提示，在键盘上输入相应的字母，比如最小化输入字母"N"，通过这种方式可以快速完成相应的操作。

（5）切换窗口

当打开多个窗口时，需要在各个窗口之间进行切换，下面是几种切换的方式：

①将鼠标指针移至任务栏中的某个程序按钮上时，在该按钮的上方会显示与该程序相关的所有打开的窗口的预览窗口，如图 3-8 所示，单击其中某一个预览窗口即可切换至该窗口。

图 3-8　切换窗口

②在键盘上同时按下 Alt+Tab 键，屏幕上会出现切换任务栏，在其中列出了当前正在运行的窗口，用户这时可以按住 Alt 键，然后在键盘上按 Tab 键从切换任务栏中选择所要打开的窗口，选中后再松开两个键，选择的窗口即成为当前窗口，如图 3-9 所示。

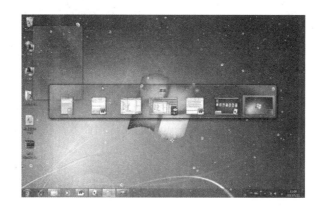

图 3-9　按 Alt+Tab 键切换任务栏

（6）关闭窗口

完成对窗口的操作后，在关闭窗口时有下面几种方式：

①直接在标题栏上单击"关闭"按钮。

②双击控制菜单按钮。

③单击控制菜单按钮，在弹出的控制菜单中选择"关闭"命令。

④使用 Alt+F4 组合键。

⑤如果打开的窗口是应用程序，可以在文件菜单中选择"退出"命令，关闭窗口。

⑥如果所要关闭的窗口处于最小化状态，可以右击任务栏上该窗口的按钮，在弹出的快捷菜单中选择"关闭窗口"命令。

⑦在关闭窗口之前要保存所创建的文档或者所做的修改，如果忘记保存，当执行了"关闭"命令后，会弹出一个对话框，询问是否要保存所做的修改，单击"是"按钮则保存后关闭；单击"否"按钮则不保存即关闭；选择"取消"则不能关闭窗口，可以继续使用该窗口。

（7）窗口的排列

在对窗口进行操作时若打开了多个窗口，而且需要全部处于全显示状态，这就涉及排列的问题，系统为我们提供了层叠窗口、横向平铺窗口和纵向平铺窗口这样三种排列的方案。

具体操作是：在任务栏的空白区右击，会弹出一个快捷菜单，如图 3-10 所示。

在选择了某项排列方式后，在任务栏快捷菜单中会出现相应的撤销该选项的命令，例如，用户选择了"层叠窗口"命令后，任务栏的快捷菜单会增加一项"撤销层叠"命令，如图 3-11 所示。当用户选择此命令后，窗口恢复原状。

图 3-10 任务栏快捷菜单 图 3-11 选择"层叠窗口"命令后的快捷菜单

2. 对话框

对话框是人与计算机系统之间进行信息交流的窗口。在对话框中用户通过对选项的选择，实现对系统对象属性的修改或者设置。

对话框的组成和窗口有相似之处，例如都有标题栏，但对话框要比窗口更简洁、直观，更侧重于与用户的交流，它一般包含有标题栏、选项卡、文本框、列表框、命令按钮和复选框等几部分，如图 3-12 所示。

图 3-12　"鼠标属性"对话框

（1）标题栏：位于对话框的最上方，系统默认的是深蓝色，左侧标明了对话框的名称，右侧有关闭按钮。

（2）选项卡：在系统中有很多对话框都是由多个选项卡构成的，选项卡上写明了标签，以便于区分。可以通过各个选项卡之间的切换来查看不同的内容，在选项卡中有不同的选项组。

（3）文本框：用于输入文本信息的一种矩形区域，如图 3-13 所示。例如，在记事本程序中编辑文字选择"页面设置"，在页眉文本框中输入用户所需文本。

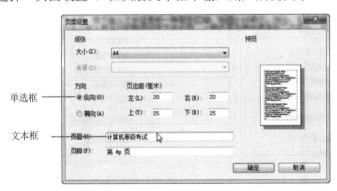

图 3-13　"页面设置"对话框

（4）列表框：是一个显示多个选项的小窗口，用户可以从中选择一项或几项。

（5）命令按钮：是指对话框中圆角矩形并且带有文字的按钮，常用的有"确定"等按钮。

（6）单选按钮：它通常是一个小圆形，其后面有相关的文字说明，当选中后，在圆形中间会出现一个绿色的小圆点。在对话框中通常是一个选项组中包含多个单选按钮，当选中其中一个后，别的选项是不可以选的。

（7）复选框：它通常是一个小正方形，在其后面也有相关的文字说明，当选中后，在正方形中间会出现一个绿色的"√"标志，它是可以任意选择的。

另外，在有的对话框中还有调节数字的按钮，它由向上和向下两个箭头组成，用户在使用时分别单击向上或向下箭头即可增加或减少数字。

3.2.3　Windows 的菜单和任务栏

1．菜单

在 Windows 7 中仍配有三种经典菜单形式："开始"菜单、下拉式菜单和弹出式快捷菜单。

（1）"开始"菜单

"开始"菜单是计算机程序、文件夹和设置的主门户。之所以称之为"菜单"，是因为它提供一个选项列表，就像餐馆里的菜单那样。至于"开始"的含义，在于它通常是您要启动或打开某项内容的位置。

使用"开始"菜单可执行这些常见的活动：

* 　启动程序；
* 　打开常用的文件夹；
* 　搜索文件、文件夹和程序；
* 　调整计算机设置；
* 　获取有关 Windows 操作系统的帮助信息；
* 　关闭计算机；
* 　注销 Windows 或切换到其他用户账户。

打开"开始"菜单，请单击屏幕左下角的"开始"按钮 　。（或按键盘上的 Windows 徽标键 　。）"开始"菜单由三个主要部分组成：程序列表、搜索框、常用系统文件夹和系统命令。

①程序列表

"开始"菜单左边的大窗格显示计算机上程序的一个短列表，如图 3-14 所示。计算机制造商可以自定义此列表，所以其确切外观会有所不同。单击"所有程序"可显示程序的完整列表。

"开始"菜单最常见的一个用途是打开计算机上安装的程序。若要打开"开始"菜单左边窗格中显示的程序，可单击它。该程序就打开了，并且"开始"菜单随之关闭。

如果看不到所需的程序，可单击左边窗格底部的"所有程序"。左边窗格会按字母顺序显示程序的长列表，后跟一个文件夹列表。

②搜索框

左边窗格的底部是搜索框，通过键入搜索项可在计算机上查找程序和文件。

搜索框是在计算机上查找项目的最便捷方法之一。

若要使用搜索框，请打开"开始"菜单并开始键入搜索项。键入之后，搜索结果将显示在"开始"菜单左边窗格中的搜索框上方。

对于以下情况，程序、文件和文件夹将作为搜索结果显示：

* 　标题中的任何文字与搜索项匹配或以搜索项开头。
* 　该文件实际内容中的任何文本（如字处理文档中的文本）与搜索项匹配或以搜索项开头。
* 　文件属性中的任何文字（例如作者）与搜索项匹配或以搜索项开头。

单击任一搜索结果可将其打开。或者单击"清除"按钮 × 清除搜索结果并返回到主程序列表。还可以单击"查看更多结果"以搜索整个计算机。

除可搜索程序、文件和文件夹以及通信之外，搜索框还可搜索 Internet 收藏夹和您访问过的网站的历史记录。如果这些网页中的任何一个包含搜索项，则该网页会出现在名为"文件"的标题下。

右边窗格提供对常用文件夹、文件、设置和功能的访问。如图 3-15 所示。在这里还可注销 Windows 或关闭计算机。

图 3-14　"开始"菜单左边窗格　　　图 3-15　"开始"菜单右边窗格

"开始"菜单的右边窗格中包含您很可能经常使用的部分 Windows 链接。从上到下有：

• Administrator（个人文件夹）打开个人文件夹（它是根据当前登录到 Windows 的用户命名的）。

• 文档打开"文档"库，您可以在这里访问和打开文本文件、电子表格、演示文稿以及其他类型的文档。

• 图片打开"图片库"，您可以在这里访问和查看数字图片及图形文件。

• 音乐打开"音乐"库，您可以在这里访问和播放音乐及其他音频文件。

• 游戏打开"游戏"文件夹，您可以在这里访问计算机上的所有游戏。

• 计算机打开一个窗口，您可以在这里访问磁盘驱动器、照相机、打印机、扫描仪及其他连接到计算机的硬件。

• 控制面板打开"控制面板"，您可以在这里自定义计算机的外观和功能、安装或卸载程序、设置网络连接和管理用户帐户。

• 设备和打印机打开一个窗口，您可以在这里查看有关打印机、鼠标和计算机上安装的其他设备的信息。

• 默认程序打开一个窗口，您可以在这里选择要让 Windows 运行用于诸如 Web 浏览活动的程序。

• 帮助和支持打开 Windows 帮助和支持，您可以在这里浏览和搜索有关使用

Windows 和计算机的帮助主题。

右窗格的底部是"关机"按钮。单击"关机"按钮关闭计算机。

单击"关机"按钮旁边的箭头可显示一个带有其他选项的菜单，可用来切换用户、注销、重新启动或关闭计算机。

（2）下拉式菜单

位于应用程序窗口标题下方的菜单栏，其中的菜单均采用下拉式菜单方式。菜单中通常包含若干条命令，这些命令按功能分组，分别放在不同的菜单项里，组与组之间用一条横线隔开。当前能够执行的有效菜单命令以深色显示。有些菜单命令前还带有特定图标，说明在工具栏中有该命令的按钮。

（3）弹出式快捷菜单

这是一种随时随地为用户服务的"上下文相关的弹出菜单"。将鼠标指向某个选中对象或屏幕的某个位置，单击鼠标右键，即可打开一个弹出式快捷菜单。该快捷菜单列出了与用户正在执行的操作直接相关的命令，即根据单击鼠标时指针所指的对象和位置的不同，弹出的菜单命令内容也不同。

快捷菜单的这些特性体现了面向对象的设计思想。快捷菜单有非常实用的菜单功能，请读者尽量尝试和体会它的含义。

在菜单中常见的符号约定如表 3-2 所示。

表 3-2 菜单中常见的符号约定

命令项	说明
浅色的命令	不可选用
命令名后带"…"	弹出一个对话框
命令名前带"√"	命令有效，再选择一次，"√"消失，命令无效
带符号（●）	被选中
带组合键	按下组合键直接执行相应的命令，而不必通过菜单
带符号（▶）	鼠标指向它时，会弹出一个子菜单
双向箭头 ⊻	鼠标指向它时，会显示一个完整的菜单

2．任务栏

任务栏是位于屏幕底部的水平长条。与桌面不同的是，桌面可以被打开的窗口覆盖，而任务栏几乎始终可见。如图 3-16 所示。它有三个主要部分：

（1）"开始"按钮●用于打开"开始"菜单。

（2）中间部分显示已打开的程序和文件，并可以在它们之间进行快速切换。若要切换到另一个窗口，请单击它的任务栏按钮。

（3）通知区域包括时钟以及一些告知特定程序和计算机设置状态的图标（小图片）。

图 3-16 "任务栏"

3.2.4 Windows 中文输入法

1. 常用的中文输入法

随着计算机的发展，中文输入法也越来越多，掌握中文输入法已成为我们日常使用计算机的基本要求。根据汉字编码的不同，中文输入法可分为三种：字音编码法、字形编码法和音形结合编码法，用户可按自身情况选择输入法。

（1）添加输入法

右键单击语言栏，在弹出的快捷菜单中选择"设置"打开"文字服务和输入语言"对话框，如图 3-17 所示。单击"添加"按钮，打开"添加输入语言"对话框，如图 3-18 所示。在下拉列表中选中所需输入法前的复选框，然后单击"确定"。

图 3-17 "文字服务和输入语言"对话框   **图 3-18** "添加输入语言"对话框

（2）删除输入法

右键单击语言栏，在弹出的快捷菜单中选择"设置"打开"文字服务和输入语言"对话框，在已"安装的服务"列表中服务选中要删除的输入法，单击"删除"按钮，然后单击"确定"。

（3）选择中文输入法

单击语言栏的按钮，在弹出的菜单中选择合适的中文输入法。语言栏可以以最小化按钮的形式显示在任务栏中，单击右上角的还原小按钮，它也可以独立显示于任务栏之外。用户可以使用 Ctrl+空格键启动或关闭中文输入法，或者使用 Ctrl + Shift 键在各种输入法之间切换。

3.3 文件和文件夹的管理

Windows "资源管理器"工具，它可以以分层的方式显示计算机内所有文件的详细图表，如图 3-19 所示。使用资源管理器可以更方便地实现浏览、查看、移动和复制文件或文件夹等

图 3-19 "Windows 资源管理器"窗口

操作，用户可以不必打开多个窗口，而只在一个窗口中就可以浏览所有的磁盘和文件夹，便于查看和管理计算机上的所有资源。

启动"资源管理器"的方法：单击任务"Windows"栏资源管理器图标，或右键单击"开始"，在弹出的快捷菜单中，选择"打开 Windows 资源管理器"。

用户对计算机资源的管理通常是以文件为单位的，文件是一组逻辑上相互关联的信息集合，可以使文档、数据、图片、视频和程序等。文件名的格式为：[文件名.扩展名]。

Windows 下文件名最长可达 256 个字符文件名不区分子母大小写，可包括汉字和空格，打不能包含\、/、:、*、? 、<、>、｜等字符。

为了便于管理文件，Windows 引入了文件夹的概念，用户将文件分门别类保存在不同的逻辑组中，这些逻辑组就是文件夹。文件夹可以存放文件也可以存放其他文件夹。

3.3.1 新建文件

通常可通过启动应用程序来新建文档。例如，在应用程序的新文档中写入数据，然后保存在磁盘上。也可以不启动应用程序，直接建立新文档。在桌面上或者某个文件夹中右键单击，在弹出的快捷菜单中选择"新建"命令，在出现的文档类型列表中，选择一种类型即可，如图 3-20 所示。每创建一个新文档，系统都会自动地给它一个默认的名字。

图 3-20 创建新文件

当使用上述方法创建新文档时，Windows 7 并不自动启动它的应用程序。要想编辑该文档，可以双击文档图标，启动相应的应用程序进行具体的编辑。

3.3.2 创建文件夹

创建新文件夹的步骤如下：

（1）在资源管理器中，定位在要建立新文件夹的磁盘及文件夹。

（2）选择工具栏"新建文件夹"命令，或右键单击，在弹出的快捷菜单中选择"新建/文件夹"命令即可新建一个文件夹。

（3）在新建的文件夹名称文本框中输入文件夹的名称，按 Enter 键或用鼠标单击其他地方即可。

3.3.3 文件或文件夹的管理

1. 文件夹的浏览

在如图 3-21 所示的资源管理器中，导航窗格显示了所有磁盘和文件夹的列表，右窗格用于显示选定的磁盘和文件夹中的内容。在导航窗格中，有的文件夹图标左边有一小三角标记，其中标有 ◢ 或 ▷ ，有的则没有。有三角标记的表示此文件夹下包含有子文件夹，而没有三角标记的表示此文件夹不再包含有子文件夹。标记 ▷ 表示此文件夹处于折叠状态，看不到其包含的子文件夹；标记 ◢ 表示此文件夹处于展开状态，可以看到其包含的子文件夹。单击标记 ▷ 可以展开此文件夹，显示其下的子文件夹，同时标记 ▷ 变为 ◢ 。反之，单击标记 ◢ 可以折叠此文件夹，同时标记 ◢ 变为 ▷ 。单击导航窗格（左窗格）的文件夹图标，则打开该文件夹，内容显示在文件列表（右窗格）中。

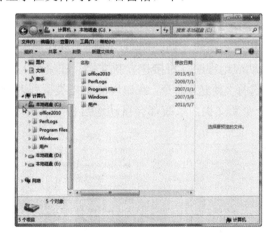

图 3-21   Windows 资源管理器窗口

提示：

"展开文件夹"和"打开文件夹"是两个不同的操作。"展开文件夹"操作仅仅是在左窗格中显示它的子文件夹，该文件夹并没有因"展开"操作而打开。

2．文件夹内容的显示方式和排序方式、显隐性

在资源管理器里，可以用"查看"菜单中的命令来调整文件夹内容窗格的显示方式，如图 3-22 所示。

在"查看"菜单中有八种查看文件和文件夹的方式："超大图标"、"大图标"、"中等图标"、"小图标"、"列表"、"详细信息"、"平铺"和"内容"。在"详细信息"方式下，通常默认显示文件和文件夹的名称、大小、类型及修改日期等详细信息。若还需要显示其他的详细信息，选择"查看"菜单中的"选择详细信息"命令，在"选择详细信息"对话框中进行设置，如图 3-23 所示。

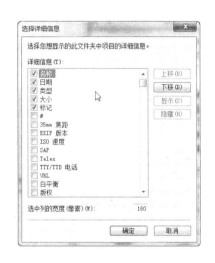

图 3-22 "查看"菜单　　　　图 3-23 "选择详细信息"对话框

在显示详细资料时，单击右窗格中列的名称，就以该列递增或递减排序。如单击"名称"，则按文件或文件夹名称的递减排序；若再单击"名称"，则按文件夹或文件名称的递增排序。如单击"大小"、"类型"、"修改时间"等列名，同样进行递减或递增的排序。

选择"查看/刷新"命令，刷新资源管理器左、右窗格的内容，使之显示最新的信息。

3．库

在以前版本的 Windows 中，管理文件意味着在不同的文件夹和子文件夹中组织这些文件。在 Windows 7 中，还可以使用库组织和访问文件，而不管其存储位置如何。库可以收集不同位置的文件，并将其显示为一个集合，而无需从其存储位置移动这些文件。

（1）将计算机上的文件夹包含到库中的步骤

①在任务栏中，单击"Windows 资源管理器"按钮。

②在导航窗格（左窗格）中，导航到要包含的文件夹，然后单击该文件夹。

③在工具栏（位于文件列表上方）中，单击"包含到库中"，然后单击某个库（例如，"文档"）。

（2）从库中删除文件夹的步骤

①在任务栏中，单击"Windows 资源管理器"按钮。

②在导航窗格（左窗格）中，右键单击要从中删除文件夹的库。

③在弹出的快捷菜单中，单击"从库中删除位置"。

提示：

从库中删除文件夹时，不会从原始位置中删除该文件夹及其内容。

3.3.4 选取文件或文件夹

在管理文件等资源的过程中，若要对多个文件或文件夹进行操作，必须首先选取要操作的文件或文件夹。

1. 选取多个连续对象

在"详细信息"显示方式下，如果所要选取的文件或文件夹的排列位置是连续的，则可单击第1个文件或文件夹，然后按住 Shift 键的同时单击最后一个文件或文件夹，即可一次性选取多个连续文件或文件夹，如图 3-24 所示。

2. 选取多个不连续对象

如果文件或文件夹在窗口中的排列位置是不连续的，则可以采用按下 Ctrl 键的同时，单击需要选取的对象的方法来实现，如图 3-25 所示。若取消选取，则再单击即可。

图 3-24　选取多个连续的文件或文件夹　　　图 3-25　选取多个不连续的文件或文件夹

3.3.5 数据交换的中间代理——剪贴板

"剪贴板"是程序和文件之间用于传递信息的临时存储区，它是内存的一部分。通过"剪贴板"可以把各种文件的部分正文、部分图像、部分声音粘贴在一起，形成一个图文并茂、有声有色的文档。同样在 Windows 中，也可以从一个程序的文稿中剪切或复制一部分内容，通过剪贴板贴到另一个程序文稿中，以实现不同应用程序之间的信息共享。

Windows 剪贴板是一种比较简单同时也是开销比较小的 IPC（InterProcess Communication，进程间通信）机制。Windows 系统支持剪贴板 IPC 的基本机制是系统预留一块全局共享内存，用来暂存在各进程间进行交换的数据：提供数据的进程创建一个全局内存块，并将要传送的数据移到或复制到该内存块；接收数据的进程（也可以是提供数据的进程本身）获取此内存块的句柄，并完成对该内存块数据的读取。

当选定数据并选择"组织"菜单中的"复制"或"剪切"命令时，所选定的数据就被存储在"剪贴板"中。"剪贴板"是在数据交换过程中，用于保留交换数据的内存区域。选择"编辑"菜单中的"粘贴"命令，"剪贴板"中的数据就被复制或移动到目的文档中。粘贴有如下两种实现方式：

1. "嵌入"交换实现

以 Word 文档为例，选定对象，选择"开始/剪贴板"中的"复制"或"剪切"命令，切换到目的位置，选择"开始/剪贴板/粘贴选项/选择性粘贴"命令，打开"选择性粘贴"对话框，选择"粘贴"单选框，通常，在"选择性粘贴"对话框中的"形式"列表框中，可以进行嵌入的形式选择，选中"HTML 格式"，单击"确定"。如图 3-26 所示。

图 3-26 "选择性粘贴"对话框

2. "链接"交换实现

以 Word 文档为例，选定对象，选择"开始/剪贴板"菜单中的"复制"或"剪切"命令，切换到目的位置，选择"开始/剪贴板/粘贴选项/选择性粘贴"命令。打开"选择性粘贴"对话框，选择"粘贴链接"单选框，选中"HTML 格式"，单击"确定"。这样，就创建了一个与源文档的链接。

3.3.6 移动和复制文件或文件夹

移动文件或文件夹就是将文件或文件夹放到其他地方，执行移动命令后，原位置的文件或文件夹消失，出现在目标位置；复制文件或文件夹就是将文件或文件夹复制一份，放到其他地方，执行复制命令后，原位置和目标位置均有该文件或文件夹。

1. 用鼠标"拖放"的方法移动和复制文件或文件夹

复制和移动文件或文件夹对象最简单的方法就是直接用鼠标把选中的文件图标拖放到目的地。拖放文件或文件夹默认执行复制操作。若拖放文件时按下 Shift 键则执行移动操作。

注意：

复制或移动文件夹操作，实际上是向目的位置文件夹增添了一个文件夹，并且也将该文件夹中包含的所有文件和子文件夹一同复制或移动到目的位置文件夹中。

2. 使用剪贴板复制和移动文件或文件夹

复制和移动文件或文件夹的常规方法是菜单命令操作。通过"组织"菜单中的"复制"或"剪切"命令，借助"剪贴板"来复制和移动文件和文件夹。

（1）首先选取要复制的一个或多个文件或文件夹。

（2）选择"组织/复制"命令。

（3）打开目的文件夹。

（4）选择"组织/粘贴"命令，或右击，在弹出的快捷菜单中选择"粘贴"命令即可将那些文件或文件夹复制到目的文件夹中。

系统并不是真正地把文件或文件夹的内容复制到"剪贴板"中，同时，这样做也是不现实的，因为"剪贴板"中可能根本就没有这么大的空间。系统只是简单地把选中对象的名字复制到"剪贴板"中，建立一个特殊的列表。当发出"粘贴"命令时，系统就会根据这个文件列表把文件或文件夹复制到目的文件夹中。

同理，可以选择"组织/剪切"命令，实现移动文件或文件夹的操作。系统也不是真正地把文件或文件夹的内容剪切到"剪贴板"中，而是对这些文件作了剪切标记，只有选择了目的文件夹，并且执行了"粘贴"命令后，系统才真正地把它们移到新的目的地；否则，将重新标记那些文件，恢复原样。

3.3.7 重命名文件或文件夹

重命名文件或文件夹就是给文件或文件夹重新命名一个新的名称，使其更符合用户的要求。重命名文件或文件夹的方法有以下三种：

（1）菜单方式：选中文件或文件夹后，从菜单栏中选择"组织/重命名"命令。

（2）右键方式：选中文件或文件夹后，右击选定的对象，在弹出的快捷菜单中选择"重命名"命令。

（3）二次选择方式：选中文件或文件夹后，再在文件或文件夹名字位置处单击（注意不要快速单击两次，以免变成双击操作）。

采用上述三种方式之一的操作后，文件或文件夹的名称将处于编辑状态（蓝色反白显示），直接输入新的名字后，按下 Enter 键即可。

注意：

在 Windows 中，每次只能修改一个文件或文件夹的名字。重命名文件时，不要轻易修改文件的扩展名，以便使用正确的应用程序来打开。

3.3.8 删除文件或文件夹

当不再需要某个文件或文件夹时，可将其删除掉，以利于对文件或文件夹的管理。删除后的文件或文件夹将被放到"回收站"中，删除的方法有如下三种：

（1）选定要删除的文件或文件夹，选择"组织/删除"命令，或右击，在弹出的快捷菜单中选择"删除"命令。

（2）选定要删除的文件或文件夹，按 Delete 键删除。

（3）选定要删除的文件或文件夹，用鼠标直接拖入"回收站"。

若不经过"回收站"直接删除当前文件，则按住 Shift 键再执行上述三种操作中的任意一种，在弹出"删除文件/文件夹"对话框中，单击"是"按钮，则删除；否则单击"否"按钮。

3.3.9 保护文件或文件夹

为了防止他人查看用户私人文件，用户可以将文件或文件夹隐藏起来。隐藏文件或文件夹的操作步骤如下：

（1）右键单击目标文件或文件夹，在弹出快捷菜单中选择"属性"。

（2）在弹出的属性对话框中，选择"常规"选项卡中的"属性"栏中勾选"隐藏"。

（3）单击"确定"。弹出"确认属性更改"对话框，单击"确定"。

显示文件或文件夹的操作步骤如下：

（1）选择"开始/控制面板/所有控制面板项/文件夹"，弹出的"文件夹选项"对话框。

（2）在"查看"选项卡，"高级设置"列表框中，单击"显示隐藏的文件、文件夹和驱动器"，依次单击"应用"和"确定"。目标文件或文件夹显示出来。

（3）右键单击目标文件或文件夹，在弹出快捷菜单中选择"属性"。

（4）在弹出的属性对话框中，选择"常规"选项卡中的"属性"栏中取消勾选"隐藏"。

（5）单击"确定"。弹出"确认属性更改"对话框，单击"确定"。

为了防止他人修改用户私人文件，用户可以将文件或文件夹设置为只读。其步骤如下：

（1）右键单击目标文件或文件夹，在弹出快捷菜单中选择"属性"。

（2）在弹出的属性对话框中，选择"常规"选项卡中的"属性"栏中勾选"只读"。

（3）单击"确定"。弹出"确认属性更改"对话框，单击"确定"。

3.3.10 删除或还原"回收站"中的文件或文件夹

"回收站"为用户提供了删除文件或文件夹的补救措施。用户从硬盘中删除文件或文件夹时，Windows 7 会将其自动放入"回收站"中，直到用户将其清空或还原到原位置。

双击桌面上的🗑图标，若要删除"回收站"中所有的文件和文件夹，可选择"清空回收站"命令；若要还原删除的文件和文件夹，可在选取还原的对象后，再选择"还原此项目"命令。

右击"回收站"图标，在弹出的快捷菜单中选择"属性"命令，打开"回收站属性"对话框，如图 3-27 所示。Windows 为每个分区或硬盘分配一个"回收站"，如果硬盘已经分区，或者说计算机中有多个硬盘，则可以为每个分区或设备指定不同大小的"回收站"。因此从硬盘删除任何对象时，Windows 将该对象放在"回收站"中，而且"回收站"的图标从空变为满状态。从软盘或网络驱动器中删除的项目不受"回收站"保护，将被永久删除。

图 3-27 "回收站属性"对话框

"回收站"中的对象仍然占用硬盘空间并可以被恢复或还原到原位置，这些对象将保留到用户决定从计算机中永久地将它们删除为止。当"回收站"充满后，Windows 自动清除"回收站"中的空间以存放最近删除的文件或文件夹。

从图 3-27 中可以看出，如选中"不将文件移到回收站中。移除文件后立即将其删除。"单选框，删除文件或文件夹时可彻底删除，而不必放在"回收站"中。通常为安全起见，不使用该选项。回收站的默认空间是驱动器的 10%，是可调整的。

提示：

"回收站"是硬盘的一部分，所以可移动媒体上（软盘或网络上）删除的项目被彻底删除了，是不能还原的。

3.3.11 搜索文件或文件夹

有时候用户需要查看某个文件或文件夹的内容，却忘记了该程序或文件（文件夹）存放的具体位置或具体名称，这时候 Windows 7 提供的"搜索程序和文件"功能就可以帮用户查找该程序或文件（文件夹）。

1．使用"开始"菜单搜索文件和文件夹

若要使用"开始"菜单搜索文件和文件夹，执行下列操作：

（1）单击"开始"按钮，然后在搜索框中键入字词或字词的一部分。

（2）在搜索框中开始键入内容后，将立即显示搜索结果。键入后，与所键入文本相匹配的项将出现在"开始"菜单上。搜索结果基于文件名中的文本、文件中的文本、标记以及其他文件属性。

提示：

从"开始"菜单搜索时，搜索结果中仅显示已建立索引的文件。计算机上的大多数文件会自动建立索引。例如，包含在库中的所有内容都会自动建立索引。

2．使用 Windows 资源管理器中的搜索框

通常您可能知道要查找的文件位于某个特定文件夹或库中，使用已打开窗口顶部的搜索框。搜索框在当前视图搜索键入文本。搜索将查找文件名和内容中的文本，以及标记等文件属性中的文本。在库中，搜索包括库中包含的所有文件夹及这些文件夹中的子文件夹。例如：在"计算机"窗口直接搜索，搜索范围就是整个计算机，为了提高搜索准确度和搜索效率，应当缩小搜索范围，要找的"工作表"文件在 D 盘，可以进入到 D 盘，再进行文件搜索。

例如：在 D 盘中查找"工作计划"文件夹，操作如下：

①右键单击"开始"，在弹出的快捷菜单中，单击"打开 Windows 资源管理器"，在弹出的窗口单击"导航窗格"中"本地磁盘 D"。

②在搜索框中键入"工作计划"。

搜索结果显示在"文件列表"中，如图 3-28 所示。

图 3-28 文件或文件夹的搜索结果

也可以在搜索框中使用其他搜索技巧来快速缩小搜索范围。例如，如果要基于文件的一个或多个属性（例如标记或上次修改文件的日期）搜索文件，则可以在搜索时使用搜索筛选器指定属性。或者，可以在搜索框中键入关键字以进一步缩小搜索结果范围。

（1）将搜索扩展到特定库或文件夹之外

如果在特定库或文件夹中无法找到要查找的内容，则可以扩展搜索，以便包括其他位置。

①在搜索框中键入文件或文件夹名。

②滚动到搜索结果列表的底部。在"在以下内容中再次搜索"下，执行下列操作之一：

- 单击"库"在每个库中进行搜索。
- 单击"计算机"在整个计算机中进行搜索。这是搜索未建立索引的文件（例如系统文件或程序文件）的方式。但是请注意，搜索会变得比较慢。
- 单击"自定义"搜索特定位置。
- 单击 Internet，以使用默认 Web 浏览器及默认搜索提供程序进行联机搜索。

（2）使用逻辑搜索词进行布尔筛选（表 3-3）

表 3-3 用逻辑搜索词进行布尔筛选示例

筛选器	举例	说明
AND	ABC AND DEF	查找名称既包含"ABC"又包含"DEF"的文件
OR	ABC OR DEF	查找名称包含"ABC"或包含"DEF"的文件
NOT	ABC NOT DEF	查找名称包含"ABC"但不包含"DEF"的文件

提示：①Windows 7 搜索时支持通配符星号（*）和问号（？）。②输入布尔搜索时，逻辑词必须大写。

3.3.12 创建快捷方式

创建快捷方式就是建立各种应用程序、文件、文件夹、打印机或网络中的计算机等快捷方式图标，通过双击该快捷方式图标，即可快速打开该项目。具体创建方法如下：

（1）在要创建快捷方式的位置，单击鼠标右键，再弹出的快捷菜单中，选择"新建/快捷方式"，弹出"创建快捷方式"对话框，如图 3-29 所示。

图 3-29　　"创建快捷方式"对话框

（2）单击"浏览"，在弹出的"浏览文件或文件夹"中，选定要创建快捷方式的应用程序、文件、文件夹、打印机或计算机等，单击"确定"。

（3）单击"下一步"，在"键入快捷方式的名称"框，键入名称，单击"完成"。

提示：

快捷方式并不能改变应用程序、文件、文件夹、打印机或网络中计算机的位置，它也不是副本，而是一个指针，使用它可以更快地打开项目，并且删除、移动或重命名快捷方式均不会影响原有的项目。

3.3.13　"文件夹选项"对话框

"文件夹选项"对话框，是系统提供给用户设置文件夹的常规及显示方面的属性，设置关联文件的打开方式及脱机文件等的窗口。

打开"文件夹选项"对话框的方法有如下：

选择"开始/控制面板/外观个性化"命令，单击"文件夹选项"，打开"文件夹选项"对话框。

在该对话框中有"常规"、"查看"和"搜索"三个选项卡，分别介绍如下：

（1）"常规"选项卡

该选项卡用来设置文件夹的常规属性，如图 3-30 所示。

"浏览文件夹"选项组可设置文件夹的浏览方式，设定在打开多个文件夹时是在同一窗口中打开还是在不同的窗口中打开；"打开项目的方式"选项组用来设置文件夹的打开方式，可设定文件夹通过单击打开还是通过双击打开，通常选择"通过双击打开项目（单击时选定）"；该选项卡中的"导航窗格"选项组可设置显示所有文件夹。

（2）"查看"选项卡

该选项卡用来设置文件夹的显示方式，如图 3-31 所示。

在该选项卡的"文件夹视图"选项组中，可单击"应用到所有文件夹"和"重置所有文件夹"两个按钮，对文件夹的视图显示进行设置。

在"高级设置"列表框中显示了有关文件和文件夹的一些高级设置选项，用户可根据实际选择需要的选项，然后，单击"应用"按钮既可完成设置。例如，是否显示隐藏文件和文件夹、是否隐藏已知文件类型的扩展名等。单击"还原为默认值"按钮，可还原为系统默认的选项设置。

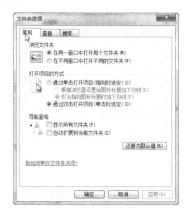　　

　　图 3-30　　"常规"选项卡　　　　　　　　图 3-31　　"查看"选项卡

（3）"搜索"选项卡

该选项卡用来更改搜索内容、方式以及没有索引位置时是否包括系统目录和压缩文件。如图 3-32 所示。

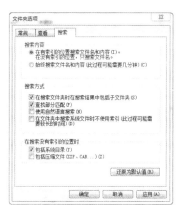

图 3-32　　"搜索"选项卡

3.4　Windows 7 个性化设置

这一节将介绍如何在 Windows 7 下进行个性化设置，以体现自己独特的个性特点。更重要的是可以使 Windows 7 更符合个人的工作习惯，提高工作效率。通常使用控制面板进行个性化环境设置。

3.4.1 设置桌面背景、屏幕保护及个性化主题

可以通过更改计算机的主题、颜色、声音、桌面背景、屏幕保护程序、字体大小和用户帐户图片来向计算机添加个性化设置。

1. 设置桌面背景

桌面背景是显示在桌面上的图片、颜色或图案。用户可以选择单一的颜色作为桌面的背景，也可以选择类型为 BMP、JPG、HTML 等位图文件作为桌面的背景图片。

设置桌面背景的操作步骤如下：

（1）选择"开始/控制面板/外观个性化"，单击"个性化"，打开"个性化"窗口。如图 3-33 所示。

图 3-33 "个性化"窗口

（2）在"个性化"窗口中，单击"桌面背景"，打开"桌面背景"窗口。如图 3-34 所示。

图 3-34 "桌面背景"窗口

（3）在"桌面背景"窗口中可选择一幅喜欢的背景图片，或选择多个图片创建幻灯片。也可以单击"浏览"按钮，在本地磁盘或网络中选择其他图片作为桌面背景。在"图片位置"

下拉列表框中有"填充"、"适应"、"居中"、"平铺"和"拉伸"五个选项，用于调整背景图片在桌面上的位置。

（4）桌面背景选好再单击"保存修改"按钮即可。

2．设置屏幕保护

屏幕保护程序是在指定时间内没有使用鼠标或键盘时，出现在屏幕上的图片或动画，以保护显示屏幕不被烧坏。

当用户在一段时间内不使用计算机时，可设置屏幕保护程序自动启动，以动态的画面显示于屏幕，这样可以减少屏幕的损耗并保障系统安全。设置屏幕保护的操作步骤如下：

（1）选择"开始/控制面板/外观个性化"，单击"个性化"，打开"个性化"窗口。

（2）在"个性化"窗口中，单击"屏幕保护程序"，打开"屏幕保护程序设置"对话框。如图 3-35 所示。

图 3-35 "屏幕保护程序设置"对话框

（3）在对话框中，选择喜欢的屏幕保护程序，对其进行设置，预览，设置等待时间、更改电源设置。

（4）设置完成，单击"确定"按钮。

3．更改主题

主题包括桌面背景、屏幕保护程序、窗口边框颜色和声音，有时还包括图标和鼠标指针。可以从多个 Aero 主题中进行选择。可以使用整个主题，或通过分别更改图片、颜色和声音来创建自定义主题。主题的各个部分

可以从 Windows 网站上的个性化库添加更多主题到收藏集。

更改主题的操作步骤如下：

（1）选择"开始/控制面板/外观个性化"，单击"个性化"，打开"个性化"窗口。

（2）在"个性化"窗口中，单击某个主题，即可应用该主题。

（3）如需更改可单击"桌面背景"、"窗口颜色"、"声音"以及"屏幕保护程序"对其作相应更改。

在"个性化"窗口中用得较多的选项卡是"主题"、"桌面"和"屏幕保护程序"。在"窗口颜色"和"声音"选项卡中，用户可根据实际需要进行设置，是很容易操作的。

3.4.2 调整鼠标和键盘

鼠标和键盘是操作计算机过程中使用最频繁的设备之一，几乎所有的操作都要用到鼠标或键盘。在安装 Windows 7 时系统已自动对鼠标和键盘进行过设置，但这种默认的设置可能并不符合用户个人的使用习惯，用户可以按个人的喜好对鼠标和键盘进行一些调整。

1．调整鼠标

调整鼠标的操作步骤如下：

（1）选择"开始/控制面板/所有控制面板项"命令。单击"键盘"打开"键盘属性"对话框，如图 3-36 所示。

图 3-36 "鼠标属性"对话框

（2）在"鼠标键"选项卡的"鼠标键配置"选项组中，系统默认左边的键为主要键，若选中"切换主要和次要的按钮"复选框，则设置右边的键为主要键。

在"双击速度"选项组中拖动滑块可调整鼠标的双击速度，双击旁边的文件夹可检验设置的速度。

在"单击锁定"选项组中，若选中"启用单击锁定"复选框，则在移动项目时不用一直按着鼠标键就可实现。单击"设置"按钮，在弹出的"单击锁定的设置"对话框中可调整实现单击锁定需要按鼠标键或轨迹球按钮的时间，如图 3-37 所示。

图 3-37 "单击锁定的设置"对话框

2．调整键盘

调整键盘的操作步骤如下：

（1）选择"开始/控制面板/所有控制面板项"命令，如图 3-38 所示。

（2）单击"键盘"打开"键盘属性"对话框，如图 3-39 所示。切换到"速度"选项卡。

图 3-38 "所有控制面板项"窗口　　　　　图 3-39 "速度"选项卡

（3）在该选项卡的"字符重复"选项组中，拖动"重复延迟"滑块，可调整在键盘上按住一个键需要多长时间才开始重复输入该键，拖动"重复速度"滑块，可调整输入重复字符的速率；在"光标闪烁速度"选项组中，拖动滑块，可调整光标的闪烁速度。

（4）单击"应用"按钮，即可应用所作的设置。

提示：

打开"控制面板"，在"查看方式"中选择"大图标"或"小图标"，"控制面板"将变为"所有控制面板项"。

3.4.3 更改日期和时间

在任务栏的右端显示有系统提供的日期和时间，将鼠标指针指向时间栏稍作停顿即会显示系统日期。若不想显示日期和时间，或需要更改日期和时间可按下面步骤进行操作：

1. 不想显示日期和时间

（1）右键单击任务栏中的日期和时间，在弹出的快捷菜单中选择"属性"命令，打开"打开或关闭系统图标"窗口。如图 3-40 所示。

（2）在"打开或关闭系统图标"选项组中，将系统图标"时钟"的"行为"设为"关闭"。

（3）单击"确定"按钮即可。

图 3-40 "打开或关闭系统图标"窗口

2．更改日期和时间

（1）选择"开始/控制面板/所有控制面板项"命令。单击"日期和时间"打开"日期和时间"对话框，如图 3-41 所示。在"控制面板"窗口中，双击"日期和时间"图标。

（2）在"时间和日期"选项卡，单击"更改日期时间"按钮，打开"日期和时间设置"对话框，调节准确日期和时间。

（3）更改完毕后，单击"确定"按钮即可。

图 3-41　　"时间和日期"对话框

3.4.4　设置多用户使用环境

在实际生活中，多用户使用一台计算机的情况经常出现，而每个用户的个人设置和配置文件等均会有所不同，这时用户可进行多用户使用环境的设置。当不同用户用不同身份登录时，系统就会应用该用户身份的设置，而不会影响到其他用户的设置。

设置多用户使用环境的具体操作如下：

（1）选择"开始/控制面板"命令，打开"控制面板"窗口。如图 3-42 所示

（2）单击"添加或删除用户账户"，打开"选择希望更改的账户"窗口，如图 3-43 所示。

（3）单击"创建一个新账户"，在弹出的"创建新账户"窗口，如图 3-44 所示，输入新账户名，选中"标准用户"单选按钮，单击"创建账户"按钮。

图 3-42　　"控制面板"窗口

图 3-43 "用户账户"窗口

图 3-44 "创建新账户"窗口

进行用户账户的更改，可按下面步骤进行：

（1）选择"开始/控制面板"命令，打开"控制面板"窗口。

（2）单击"添加或删除用户账户"，打开"选择希望更改的账户"窗口。

（3）单击需要更改的账户，可对账户的名称、密码、图片账户类型及账户删除等进行更改。

3.4.5 安装和删除应用程序

选择"开始/控制面板/所有控制面板项"命令，打开"所有控制面板项"窗口。单击"程序和功能"，弹出如图 3-45 所示的"卸载或更改程序"窗口，用于卸载或更改程序、查看已安装的更新和打开或关闭 Windows 功能。

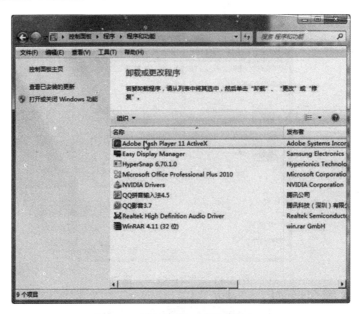

图 3-45　"卸载或更改程序"窗口

3.4.6　设置 Windows 7 文件夹的共享

在 Windows 7 中，设置文件夹的共享属性非常方便，在资源管理器中，只需选中该文件夹，选择工具栏中"共享/高级共享"（或者右键单击该文件夹，在弹出的快捷菜单中选择"共享/高级共享"命令）在弹出的文件夹属性对话框中切换到"共享"选项卡即可进行设置。如图 3-46 所示。

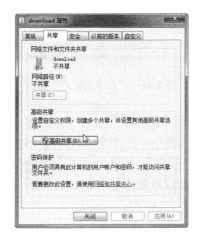

图 3-46　文件夹属性对话框

单击"高级共享"按钮，在弹出的"高级共享"对话框中，我们可以轻松设置该共享文件夹的名称和同时共享的用户数量，当然还可以进一步设置"权限"和"缓存"，只需单击相应的按钮即可完成，如图 3-47 所示。

图 **3-47** 设置文件夹的高级共享

3.4.7 设置 Windows 7 网络配置

与其他 Windows 操作系统一样，在 Windows 7 种准备好相关的硬件设备就可以通过操作系统连接到互联网。

1. 连接到宽带网络

（1）单击"开始/控制面板/所有控制面板项"中的"网络和共享中心"，打开"网络和共享中心"窗口，如图 3-48 所示。

（2）单击"更改网络设置"下的"设置新的连接或网络"，在弹出的"设置连接或网络"下拉列表中选择"连接到 Internet"，单击"下一步"，如图 3-49 所示。

（3）在"连接到 Internet"对话框选中"宽带 PPPoE"，在弹出的对话框中输入 ISP 提供的"用户名"、"密码"及"连接名称"，单击"连接"。

图 **3-48** "网络和共享中心"窗口

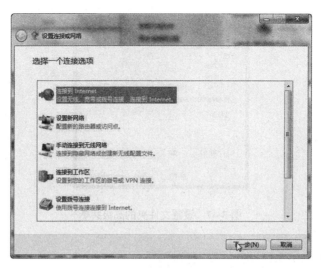

图 3-49 "连接到 Internet" 对话框

2．连接到无线网络

（1）单击任务栏中通知区域的网络图标，在弹出的"无线网络连接"，如图 3-50 所示。

（2）列表框中双击需要连接的网络。在弹出的对话框中的"安全关键字"框中输入，如图 3-51 所示。单击"确定"。

图 3-50 "无线网络连接"

图 3-51 输入"安全关键字"

3.5 Windows 7 系统维护与优化

操作系统是计算机的软件平台做好对操作系统的维护和优化，可提高系统的稳定性，使用户用起来更加顺畅。

1．整理磁盘碎片

（1）选择"开始/所有程序/附件/系统工具"单击"磁盘碎片整理程序"，弹出"磁盘碎片整理程序"窗口，如图 3-52 所示。

（2）选中需要进行碎片整理的磁盘，单击"分析磁盘"，稍后查看碎片所占比例。

（3）如确定需要进行磁盘碎片整理，单击"磁盘碎片整理"。

图 3-52　"磁盘碎片整理程序"窗口

2．磁盘清理工具

（1）选择"开始/所有程序/附件/系统工具"单击"磁盘清理"，弹出"磁盘清理：驱动器选择"对话框，如图 3-53 所示。

（2）"驱动器"下拉列表中选择要清理的磁盘驱动器，打击"确定"。

（3）稍后弹出"（C：）的磁盘清理"对话框，选中要删除选项左侧复选框，单击"确定"，如图 3-54 所示。

（4）在弹出的对话框单击"删除文件"。

图 3-53　"磁盘清理：驱动器选择"对话框

图 3-54　"（C：）的磁盘清理"对话框

3．系统优化

将系统优化可以通过下列方法：

（1）自定义开机启动项，减少启动项。

①选择"开始/控制面板/所有控制面板项/管理工具"，双击"系统配置"，打开"系统配置"对话框。

②选择"启动"选项卡，如不希望开机启动则清除复选框。

（2）关闭小工具库这类资源占用大户。

（3）关闭 Windows Aero 的特效，将 Windows 7 系统的主题设为 Windows 的经典主题。

3.6　操作题

1．在 D 盘 ABC 文件夹下新建 HAB1 文件夹。

2．在 D:\ABC 文件夹下新建 DONG.DOCX 文件，在 D:\HAB2 文件夹下建立名为 PANG 的文本文件。

3．为 D:\ABC\HAB2 文件夹建立名为 KK 的快捷方式，存放在 D 盘根目录下。

4．将 D:\ABC\DONG.DOCX 文件复制在本文件夹中，命名为 NAME.DOCX。

5．将 D:\ABC\HAB1 文件夹设置为"只读"属性。

6．搜索 C 盘中的 SHELL.DLL 文件，然后将其复制在 D:\HAB2 文件夹下。

7．将 D:\ABC\HAB1 文件夹的"只读"属性撤销，并设置为"隐藏"属性。

8．将 D:\HAB2\PANG.TXT 文件移动到桌面上并重命名为 BEER.TXT。

9．删除 D:\ABC\NAME.DOCX 文件。

10．搜索 D 盘中第一个字母是 T 的所有 PPT 文件，将其文件名的第一个字母更名为 B，原文件的类型不变。

11．指法练习。录入下面文字：

研究人员发现 4 种牙买加雄性变色蜥蜴经常在黎明时分做俯卧撑，头部摆动着，同时颈部颜色鲜艳的皮瓣变得扩张，这种俯卧撑行为还会在每天黄昏重复。哈佛大学、加州大学研究员称，其他的动物，如：鸟类、爬行动物等，都在黎明和黄昏发出不同的声音。然而这却是我们第一次发现像雄性变色蜥蜴这样特殊的捍卫领土的视觉性展示。

操作题操作步骤

1.（1）打开 D 盘，在"ABC"文件夹，右键单击空白处，在弹出的快捷菜单上选择"新建/文件夹"。

（2）右键单击"新建文件夹"在弹出的快捷菜单上选择"重命名"，键入文件名 HAB1。

2.（1）打开 D 盘，在"ABC"文件夹，右键单击空白处，在弹出的快捷菜单上选择"新建/Microsoft Word 文档"。键入文档名"DONG"。

（2）打开 D 盘，在"HAB2"文件夹，右键单击空白处，在弹出的快捷菜单上选择"新建/文本文档"。键入文档名"DONG"。键入文档名"PANG"。

3.（1）打开 D 盘根目录，右键单击空白处，在弹出的快捷菜单上选择"新建/快捷方式"。

弹出"创建快捷方式"对话框，单击"浏览"。

（2）在弹出的"浏览文件或文件夹"中，选定 D:\ABC\HAB2 文件夹，单击"确定"。

（3）单击"下一步"，在"键入快捷方式的名称"框，键入名称"KK"，单击"完成"。

4．（1）右键单击 D:\ABC\DONG.DOCX 文件，在弹出的快捷菜单上选择"复制"。

（2）右键单击文件夹空白处，在弹出的快捷菜单上选择"粘贴"。

（3）右键单击"DONG-副本"，在弹出的快捷菜单上选择"重命名"。

（4）键入"NAME"。

5．（1）右键单击 D:\ABC\HAB1 文件夹，在弹出快捷菜单中选择"属性"。

（2）在弹出的属性对话框中，选择"常规"选项卡中的"属性"栏中勾选"只读"。

（3）单击"确定"。弹出"确认属性更改"对话框，单击"确定"。

6．（1）右键单击"开始"，在弹出的快捷菜单中，单击"打开 Windows 资源管理器"，在弹出的窗口单击"导航窗格"中"本地磁盘 C"。

（2）在搜索框中键入"SHELL.DLL"。

（3）搜索结果显示在"文件列表"中，右键单击 SHELL.DLL 文件，在弹出的快捷菜单上选择"复制"。

（4）打开 D:\HAB2 文件夹，右键单击文件夹空白处，在弹出的快捷菜单上选择"粘贴"。

7．（1）右键 D:\ABC\HAB1 文件夹，在弹出快捷菜单中选择"属性"。

（2）在弹出的属性对话框中，选择"常规"选项卡中的"属性"栏中清除勾选"只读"，勾选"隐藏"。

（3）单击"确定"。弹出"确认属性更改"对话框，单击"确定"。

8．（1）右键单击 D:\HAB2\PANG.TXT，在弹出快捷菜单中选择"剪切"。

（2）右键单击桌面空白处，在弹出快捷菜单中选择"粘贴"。

（3）右键单击"PANG.TXT"文件，在弹出的快捷菜单上选择"重命名"。

（4）键入"BEER"。

9．（1）右键单击 D:\ABC\NAME.DOCX 文件，在弹出的快捷菜单上选择"删除"。

（2）在弹出的"删除文件"对话框，单击"是"。

10．（1）右键单击"开始"，在弹出的快捷菜单中，单击"打开 Windows 资源管理器"，在弹出的窗口单击"导航窗格"中"本地磁盘 D"。

（2）在搜索框中键入".PPT AND T*"。

（3）搜索结果显示在"文件列表"中，选中突出显示目标文件后，再在文件或文件夹名字位置处单击，将第一个字母"T"改为"B"。

3.7 实例操作演示

第 4 章 Word 2010 的使用

Word 2010 具有丰富的文字处理功能，是当前深受广大用户欢迎的文字处理软件之一。
通过本章的学习，应掌握：

1．Word 的基本功能、运行环境，Word 的启动和退出。

2．文档的创建、打开、输入、保存、保护和打印等基本操作。

3．文本的选定、插入与删除、复制与移动、查找与替换等基本编辑技术；多窗口和多文档的编辑。

4．字体格式设置、段落格式设置、文档页面设置和文档分栏等基本排版技术。

5．表格的创建、修改；表格中数据的输入与编辑；数据的排序和计算。

6．图形和图片的插入；图形的建立和编辑；文本框的使用。

4.1 Word 入门

4.1.1 启动 Word

常见的启动 Word 的方法有下列两种：

1．常规方法

常规启动 Word 的过程本质上就是在 Windows 下运行一个应用程序。具体步骤如下：

将鼠标指针移至屏幕左下角"开始"菜单按钮，选择"开始/所有程序/Microsoft Office/ Microsoft Office Word 2010"命令。

2．快捷方式

用快捷键启动 Word：在桌面上双击 Word 应用程序图标 <img>。

新安装的 Office 软件不会自动创建快捷图标，需要用户自己创建，具体创建步骤如下：

选择"开始/所有程序/Microsoft Office"命令，右键单击"Microsoft Office Word 2010"命令，在弹出的快捷菜单中选择"发送到/桌面快捷方式"。

当 Word 启动后，Word 窗口自动创建一个名为"文档 1"的新文档。

4.1.2 Word 窗口及其组成

Word 窗口由标题栏、功能区、工作区和状态栏等部分组成如图 4-1 所示。

1．标题栏

标题栏是 Word 窗口中最上端的一栏，标题栏中含有："控制菜单"图标、自定义快速访问工具栏、窗口标题、最小化、最大化和关闭按钮，如图 4-1 所示。

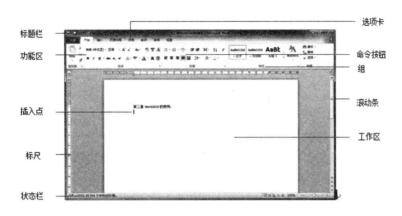

图 4-1 Word 2010 窗口的组成

2．功能区

标题栏下方是功能区。功能区是文档窗口顶部的一个矩形区域。

功能区包含三种基本组件：

选项卡	其中有八个顶层选项卡。每个选项卡代表一个活动领域。
组	每个选项卡包含多个一起显示相关项目的组。
命令	命令可以是按钮、下拉列表，也可以是需要输入信息的框。

3．工作区

工作区是功能区以下和状态栏以上的一个区域。在 Word 窗口的工作区中可以打开一个文档，并对它进行文本键入、编辑或排版等操作。

4．状态栏

状态栏位于 Word 窗口的最下端。它用来显示当前的一些状态，如当前光标所在的页面、字数、视图切换按钮和缩放级别等。视图切换按钮如图 4-2 所示，从左到右分别是：页面视图、阅读版式视图、Web 版式视图、大纲视图及草稿视图。

图 4-2 视图切换按钮

5．标尺

标尺有水平标尺和垂直标尺两种。在普通视图下只能显示水平标尺，只有在页面视图下才能显示水平和垂直两种标尺，如图 4-1 所示。

6．滚动条

滚动条分水平滚动条和垂直滚动条。使用滚动条中的滑块或按钮可滚动工作区内的文档内容。

7．插入点

当 Word 启动后，自动创建一个名为"文档 1"的文档，其工作区是空的，只是在第一行第一列有一个闪烁着的竖条（或称光标），成为插入点。键入文本时，它指示下一个字符的位置。

4.1.3 退出 Word

常用退出 Word 的方法有以下几种：

（1）执行"文件/退出"命令。

（2）执行"文件/关闭"命令。

（3）单击标题栏右边"关闭"按钮 ✕，依次关闭所有窗口。

（4）双击 Word 窗口左上角的控制按钮 W 。

（5）单击 Word 窗口左上角的控制按钮 W 或右击标题栏，弹出菜单选择"关闭"。

（6）按快捷键 Alt+F4。

在执行退出 Word 操作时，如有文档输入或修改后尚未保存，那么 Word 将会给出一个对话框，询问是否要保存未保存的文档，若单击"是"按钮，则保存当前输入或修改的文档；若单击"否"按钮，则放弃当前所输入或修改的内容，退出 Word；若单击"取消"按钮，则取消这次操作，继续工作。

4.2 Word 的基本操作

4.2.1 创建新文档

创建 Word 新文档的方法有如下几种：

（1）执行"文件/新建"命令。在"可用模板"窗格选择"空白文档"，单击右侧窗格中的"创建"。如图 4-3 所示。

图 4-3 新建文档

（2）单击"自定义快速访问工具栏"中的"新建空白文档"按钮▯。（新建空白文档需添加到"自定义快速访问工具栏"。方法为：单击"自定义快速访问工具栏"中下拉箭头▪单击"新建"。）

（3）直接按快捷键 Ctrl + N。

4.2.2 打开已存在的文档

1．打开一个或多个 Word 文档

打开一个或多个已存在的 Word 文档有下列几种常用方法：

（1）执行"文件/打开"命令。

（2）单击"自定义快速访问工具栏"中的"打开"按钮▣。（"打开"需添加到"自定义快速访问工具栏"。方法为：单击"自定义快速访问工具栏"中下拉箭头▪单击"打开"。）

（3）按快捷键 Ctrl + O。

执行"打开"操作时，Word 会显示一个"打开"对话框。在"打开"对话框选定要打开的文档名，单击"打开"。

选定一个文档名的情况比较简单，只要单击所要打开的文档名即可。

如果选定多个文档名，则可同时打开多个文档。如果要打开的多个文档名是连续排列在一起的，则可以先单击第一个要打开的文档名，然后，按住 Shift 键，再单击最后一个要打开的文档名，这样，包含在这两个文档名之间的所有文档全被选定；如果要打开的多个文档名是分散的，则可以先单击第一个要打开的文档名，然后，按住 Ctrl 键，再分别单击每个要打开的文档名来选定文档。

当文档名选定后，单击对话框中的"打开"按钮，则所有选定的文档被一一打开，最后打开的一个文档成为当前的活动文档。

每打开一个文档，任务栏中就有一个相应的文档按钮与之对应，可单击此按钮进行文档间的切换；也可以通过单击"窗口"下拉菜单中所列的文档名进行文档切换。

2．"打开"对话框的使用

如果要打开的文档名不在当前文件夹中，则应利用"打开"对话框来确定文档所在的驱动器和文件夹。如图 4-4 所示。

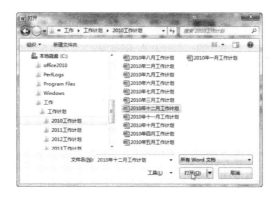

图 4-4 "打开"对话框

（1）可以通过"导航窗格"，单击所选定的驱动器或双击打开所选的文件夹。

（2）在"文件列表"窗格中，双击选定的文件夹图标，打开该文件夹，直到打开包含有要打开的文档名的文件夹为止。

3．打开最近使用过的文档

打开最近使用过的文档，Word 提供了两种更快捷的操作方式：

（1）单击"文件"按钮，选择"最近所用文件"，如图 4-5 所示。在"最近使用的文档"窗格中单击所要打开的文件名。

（2）单击"自定义快速访问工具栏"中的"打开最近使用过的文件"图标 ，在"最近使用的文档"窗格中，单击所要打开的文件名。（"打开最近使用过的文件"需添加到"自定义快速访问工具栏"。方法为：单击"自定义快速访问工具栏"中下拉箭头 单击"打开最近使用过的文件"。）

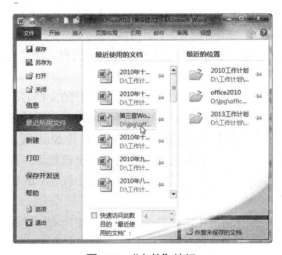

图 4-5　"文件"按钮

4.2.3　输入文本

新建一个空白文档后，在窗口工作区的左上角有一个闪烁着的黑色竖条"|"称为插入点，它表明输入的字符将出现的位置。输入文本时，插入点自动后移。

Word 有自动换行的功能，当输入到每行的末尾时不必按 Enter 键，Word 就会自动换行，只有单设一个新段落时才按 Enter 键。按 Enter 键标志一个段落的结束，新段落的开始。

中文 Word 既可输入汉字，又可输入英文。中英文之间可以互相切换。单击通知区域中的语言栏按钮，在弹处的菜单中选择所需输入法。

1．"即点即输"

利用"即点即输"功能，可以在文档空白处的任意位置处快速定位插入点和对齐格式设置，输入文字、插入表格、图片和图形等内容。

在输入时应注意如下几方面问题：

（1）空格

空格在文档中占的宽度，不但与字体和字号大小有关，也与"半角"或"全角"空格有关。"半角"空格占一个字符位置，"全角"空格占两个字符位置。

（2）回车符

在每个自然段结束时键入回车键。键入回车键后显示回车符为"↵"。

（3）换行符

如果要另起一行，不另起一个段落，可以输入换行符。输入换行符有 2 种方法：

①按组合键 Shift + Enter。

②单击"页面布局"选项卡，"页面设置"组，"分隔符/分节符/连续"。

2．插入符号

输入（或插入）特殊符号的操作步骤如下：

（1）把插入点移动到要插入符号的位置。

（2）选择"插入"选项卡，"符号"组，单击"符号/其他符号"，打开如图 4-6 所示的"符号"对话框。

图 4-6　"符号"对话框

（3）在"符号"选项卡中选定所需符号，再单击"插入"按钮就可将所选择的符号插入到文档的插入点处。

（4）单击"关闭"按钮，关闭"符号"对话框。

3．插入日期和时间

插入日期和时间的操作步骤如下：

（1）把插入点移动到要插入日期和时间的位置。

（2）选择"插入"选项卡，"文本"组，单击"日期和时间"，打开如图 4-7 所示的"日期和时间"对话框。

（3）在"语言"下拉列表中选定"中文（中国）"或"英文（美国）"，在"可用格式"列表框中选定所需的格式。如果选定"自动更新"复选框，则所插入的日期和时间会自动更新，否则保持原插入时的值。

（4）单击"确定"按钮，即可在指定的插入点插入当前的日期和时间。

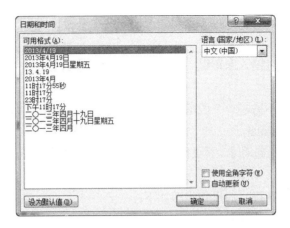

图 4-7　"日期和时间"对话框

4．插入脚注和尾注

插入脚注和尾注的操作步骤如下：

（1）将插入点移到需要插入脚注和尾注的文字之后。

（2）选择"引用"选项卡，"脚注"组，单击 ，打开如图 4-8 所示的"脚注和尾注"对话框。

（3）在对话框中选定"脚注"或"尾注"单选项，设定注释的编号格式、自定义标记、起始编号和编号方式等。

如果要删除脚注或尾注，则选定脚注或尾注号，按 Delete 键。

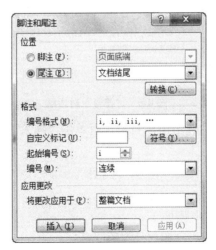

图 4-8　"脚注和尾注"对话框

5．插入另一个文档

插入另一个文档的操作步骤如下：

（1）把插入点移动到要插入另一个文档的位置。

（2）选择"插入"选项卡，"文本"组，单击"对象"下拉箭头，在下拉列表中单击"文件中的文字"，打开如图 4-9 所示的"插入文件"对话框。

图 4-9 "插入文件"对话框

（3）在"插入文件"对话框中，选定要插入文档所在的文件夹和文档名。

（4）单击"插入"按钮，就可在插入点指定处插入所需的文档。

4.2.4 文档的保存和保护

1. 文档的保存

（1）保存新建文档

保存新建文档的方法有如下几种：

①单击"自定义快速访问工具栏"中的"保存"按钮  。

②执行"文件/保存"命令。

④ 接按快捷键 Ctrl + S。

第一次保存文档时，会弹出如图 4-10 所示的"另存为"对话框，用户应在对话框的"组织"导航窗格中选定所要保存文档的文件夹，在"文件名"列表框中输入新的文件名（其余操作与"打开"对话框的相应操作类似），最后单击"保存"按钮。

图 4-10 "另存为"对话框

（2）保存已有的文档

对已有的文件保存，可单击"自定义快速访问工具栏"中的"保存"按钮。

（3）用另一文档名保存文档

用另一文档名保存文档的操作步骤如下：

（1）单击"文件/另存为"，弹出"另存为"对话框。

（2）在"导航"窗格中，单击选定的文件夹图标，在"文件名"列表框中输入新的文件名，在"保存类型"列表框中选中存储格式。

（3）单击"保存"按钮。

2．保护文档

（1）设置"打开文件时的密码"保护文档的操作步骤

①单击"文件/另存为"，弹出"另存为"对话框。

②单击"工具/常规选项"，弹出"常规选项"对话框。在"打开文件时的密码"文本框中输入密码，单击"确定"按钮。如图 4-11 所示。

图 4-11 "常规选项"对话框

③单击"确认"按钮，此时会出现一个"确认密码"对话框，要求用户再次重复键入所设置的密码。

④在"确认密码"对话框的文本框中重复键入所设置的密码并单击"确定"按钮。

如果想要取消已设置的密码，可以按下列步骤操作：

①用正确的密码打开该文档。

②单击"文件/另存为"，弹出"另存为"对话框。单击"工具/常规选项"，弹出"常规选项"对话框。在"打开文件时的密码"文本框中按 Delete 键删除密码。

③单击"确定"按钮。

（2）设置"修改文件时的密码"保护文档的操作步骤

①单击"文件/另存为"，弹出"另存为"对话框。

②单击"工具/常规选项"，弹出"常规选项"对话框。在"修改文件时的密码"文本框中输入密码，单击"确定"按钮。

③此时会出现一个"确认密码"对话框，要求用户再次重复键入所设置的密码。

④在"确认密码"对话框的文本框中重复键入所设置的密码并单击"确定"按钮。

（3）设置文件为"标记为最终状态"

标记为最终状态让读者知道此文档是最终版本，并将其设为只读。

当读者打开文档时，此文档功能区将显示"标记为最终版本"，如认为仍需改动则单击"仍然编辑"，如图 4-12 所示。

图 4-12 "标记为最终状态"窗口

由上可见，将文件属性设置成"只读"也是保护文件不被修改的一种方法。将文件设置成为或取消只读文件的方法是：

①单击"文件/打开"命令。

②在"打开"窗口浏览至该文件，再右键单击文件。

③在弹出的快捷菜单中单击"属性"，再在"属性"对话框中勾选或取消"只读"复选框。

4.2.5 基本编辑技术

在文本某处插入新的文本、删除文本的几个或几行字、修改文本的某些内容、复制和移动文本的一部分、查找与替换指定的文本等都是最基本的编辑操作技术。在做编辑操作前，需要掌握插入点的移动和文本选定这两个最基本的操作。

1．插入点的移动

在文本区域中，插入点是一个不断闪烁着的黑色竖条"|"，称为插入点光标。每输入一个字符或汉字，插入点右边的所有文字相应右移一个位置。除了用鼠标移动插入点外，移动插入点的其他方法还有：

1）用键盘移动光标

可以用键盘上的移动光标键移动插入点（光标）。表 4-1 列出了利用键盘移动插入点的几个常用键的功能。

表 4-1 用键盘移动插入点的常用键及其功能

键面	说明
←	移动光标到前字符
→	移动光标到后一个字符
↑	移动光标到前一行
↓	移动光标到后一行
Page Up	移动光标到前一页当前光标处
Page Down	移动光标到后一页当前光标处
Home	移动光标到行首
End	移动光标到行尾
Ctrl + Page Up	移动光标到上页的顶端
Ctrl + Page Down	移动光标到下页的顶端
Ctrl + Home	移动光标到文档首
Ctrl + End	移动光标到文档尾
Alt + Ctrl + Page Up	移动光标到当前页的开始
Alt + Ctrl + Page Down	移动光标到当前页的结尾
Shift + F5	移动光标到最近曾经修改过的 3 个位置

2）设置"书签"移动光标

（1）插入/删除书签

插入书签的操作步骤如下：

①光标定位到要插入书签的位置。

②选择"插入/链接"，单击"书签"。

③在"书签"对话框输入书签名，然后单击"添加"按钮。

删除书签，在"书签"对话框选择要删除的书签名，单击"删除"按钮。

（2）光标快速移到书签

将光标快速移到指定的书签位置的操作步骤如下：

①选择"插入/书签"，在"书签"对话框的列表中选择要定位的书签名。

②单击"定位"按钮。

3）选择"定位"命令移动光标

选择"定位"命令移动光标的操作步骤如下：

（1）选择"开始/编辑"，单击"替换"打开"查找和替换"对话框。

（2）在弹出的"查找和替换"对话框，单机"定位/定位目标"列表中要定位的对象。

（3）反复单击前一处或后一处按钮，光标依次定位到当前光标之前或之后的对象。

2．文本的选定

1）用鼠标选定文本

单击所要选定文本区的起点，然后拖动鼠标直到所选定的文本区的终点松开鼠标左键。

2）用键盘选定文档

按上下左右箭头，将插入点移到所选文本区的起点，然后按住 Shift 键，按上下左右箭头移动到选定区域的终点。

3．插入与删除文本

1）插入文本

反复双击状态栏中的"改写"框可在"改写"与"插入"方式之间切换。

在"插入"方式下，只要将插入点移到需要插入文本的位置，输入新文本就可以了。插入时，插入点右边的字符和文字随着新的文字的输入逐一向右移动。

在"改写"方式下，则插入点右边的字符或文字将被新输入的文字或字符所替代。

2）删除文本

选定要删除的文本，然后按 Delete 键。

4．移动文本

1）使用剪贴板移动文本

具体操作步骤如下：

（1）选定所要移动的文本。

（2）选择"开始/剪贴板"，单击"剪切"按钮 ✂，或按快捷键 Ctrl + X。

（3）将插入点移到文本要移动到的新位置。

（4）选择"开始/剪贴板"，单击"粘贴"按钮 📋 或按快捷键 Ctrl + V，所选定的文本便移动到指定的新位置上。

2）使用快捷菜单移动文本

具体操作步骤如下：

（1）选定所要移动的文本。

（2）鼠标右键单击选定的文本区，弹出快捷菜单。

（3）在弹处的快捷菜单中单击"剪切"命令。

（4）将插入点移到要移动到的新位置上，右键单击，弹出快捷菜单。

（5）在弹出的快捷菜单中，单击"粘贴"选项中的一种粘贴方式。

5．复制文本

1）使用剪贴板复制文本

具体的步骤如下：

（1）选定所要复制的文本。

（2）选择"开始/剪贴板"，单击"复制"按钮 ，或按快捷键 Ctrl + C。

（3）将插入点移到文本要复制到的新位置。

（4）选择"开始/剪贴板"，单击"粘贴"按钮 ，或按快捷键 Ctrl + V，所选定的文本的副本被复制到指定的新位置上。

2）使用快捷菜单复制文本

具体操作步骤如下：

（1）选定所要移动的文本。

（2）鼠标右键单击选定的文本区，弹出快捷菜单。

（3）在弹处的快捷菜单中单击"复制"命令。

（4）将插入点移到要移动到的新位置上，右键单击，弹出快捷菜单。

（5）在弹出的快捷菜单中，单击"粘贴"选项中的一种粘贴方式。

6．查找与替换

1）常规查找文本

具体操作步骤如下：

（1）选择"开始/编辑"组，单击"查找/高级查找"或按快捷键 Ctrl+F，打开"查找和替换"对话框，如图 4-13 所示。

图 4-13 "查找和替换"对话框

（2）单击"查找"标签，在"查找内容"列表框中键入要查找的文本。

（3）单击"查找下一处"按钮开始查找。当查找到后，就将该文本移到窗口工作区内，并反白显示所找到的文本。

2）高级查找

单击"查找和替换"对话框中的"更多"按钮，打开一个能设置各种查找条件的详细对话框，设置好这些选项后，可以快速查找出符合条件的文本。单击"高级"按钮所打开的"查找和替换"对话框如图 4-14 所示。

图 4-14　更多功能的"查找和替换"对话框

（1）查找内容：在"查找和替换"列表框中键入要查找的文本，或者单击列表框右端的 ⌄ 按钮，列表中列出最近 4 次查找过的文本供选用。

（2）搜索范围：在"搜索"列表框中有"全部"、"向上"和"向下"三个选项。"全部"选项表示从插入点开始向文档末尾查找，然后再从文档开头查找到插入点处；"向上"选项表示从插入点开始向文档开头处查找；"向下"选项表示从插入点向文档末尾处查找。

（3）"区分大小写"和"全字匹配"复选框：主要用于高级查找英文单词。

（4）使用通配符：选择此复选框可在要查找的文本中键入通配符实现模糊查找。

（5）区分全/半角：选择此复选框，可区分全角或半角的英文字符和数字，否则不予区分。

（6）区分前缀、区分后缀：选择此复选框，可区分前缀/的英文字符，否则不予区分。

（7）忽略标点符号、忽略空格：选择此复选框，可忽略查找内容中的标点符号、空格，否则不予区分。

（8）"特殊格式"按钮：如要找特殊字符，则可单击"特殊格式"按钮，弹出"特殊字符"列表，从中选择所需要的特殊字符。

（9）"格式"按钮：单击"格式"按钮，选择"字体"项可打开"字体"对话框，使用该对话框可设置所要查找的指定的文本的格式。

（10）"更少"按钮：单击"更少"按钮可返回"更少"查找方式。

3）替换文本

具体操作步骤如下：

（1）选择"开始/编辑"，单击"替换"或按快捷键 Ctrl + H，打开"查找和替换"对话框的"替换"选项卡，如图 4-15 所示。

图 4-15 "查找和替换"对话框的"替换"选项卡

（2）在"查找内容"列表框中键入要查找的内容。

（3）在"替换为"列表框中键入要替换的内容。

（4）在输入要查找和需要替换的文本和格式后，根据情况单击下列按钮之一：

①"替换"按钮：替换找到的文本，继续查找下一处并定位。

②"全部替换"按钮：替换所有找到的文本。

③"查找下一处"按钮：不替换找到的文本，继续查找下一处并定位。

7．撤销与恢复

对于编辑过程中的误操作，可执行单击"自定义快速访问工具栏"中的"撤销"按钮来挽回。单击"撤销"按钮右端标有 ▼ 的按钮可以打开记录的各次编辑操作的列表框，最上面的一次操作是最近的一次操作，单击一次"撤销"按钮撤销一次操作。如果选定撤销列表中的某次操作，那么这次操作上面的所有操作也同时撤销掉，同样，所撤销的操作可以按"恢复"按钮重新执行。

4.2.6 多窗口编辑技术

1．窗口的拆分

Word 的文档窗口可以拆分为两个窗口，利用窗口拆分可以将一个大文档不同位置的两部分分别显示在两个窗口中，从而可以很方便地编辑文档。拆分窗口的方法有下列两种：

（1）使用"窗口/拆分"命令

选择"视图选项卡"，"窗口"组，单击"拆分"。鼠标指针变成双向箭头且与屏幕上出现的一条灰色水平线相连，移动鼠标到要拆分的位置，单击鼠标左键。如果还想调整窗口大小，只要把鼠标指针移到此水平线上，当鼠标指针变成上下箭头时，拖动鼠标即可。

选择"视图选项卡/窗口"，单击"取消拆分"即可把拆分了的窗口合并为一个窗口。

（2）拖动垂直滚动条上端的小横条拆分窗口

鼠标移到垂直滚动条上面的窗口拆分条 ▤，当鼠标指针变成双向箭头时，向下拖动鼠标将一个窗口分为两个。

插入点所在的窗口称为工作窗口。将鼠标指针移到非工作窗口的任意部位并单击一下，就可以将它切换成为工作窗口。

2．多个文档窗口间的编辑

Word 允许同时打开多个文档进行编辑，每一个文档对应一个窗口。

在"视图"选项卡，"窗口"组，"切换窗口"下拉菜单列出了被打开的文档名，文档名前有 ✓ 符号的表示是当前文档窗口。单击文档名或任务栏中相应的文档按钮可切换当前文档窗口。选择"窗口/全部重排"命令可以将所有文档窗口排列在屏幕上。可以对各文档窗口的内容可以进行剪切、粘贴、复制等操作。

4.3　Word 的排版技术

4.3.1　文字格式的设置

1. 设置字体、字形、字号和颜色

设置文字格式的具体操作步骤：

（1）选定要设置格式的文本。

（2）选择"开始/字体"，单击右下角"显示"按钮，打开如图 4-16 所示的"字体"对话框。

图 4-16　"字体"对话框

（3）单击"字体"标签，在"字体"选项卡中可以对字体进行设置。

（4）单击"中文字体"列表框中的下拉按钮，打开中文字体列表并选定所需字体。

（5）单击"西文字体"列表框中的下拉按钮，打开英文字体列表并选定所需英文字体。

（6）在"字形"和"字号"列表框中选定所需的字形和字号。

（7）单击"字体颜色"列表框的下拉按钮，打开颜色列表并选定所需的颜色。

（8）在预览框中查看所设置的字体，确认后单击"确定"按钮。

2. 改变字符间距、字宽度和水平位置

改变字符间距、字宽度和水平位置具体操作步骤：

（1）选定要调整的文本。

（2）选择"开始/字体"，单击右下角的"显示"按钮打开"字体"对话框。

（3）单击"高级"标签，在"高级"选项卡中可以对字符间距进行设置。

①缩放：在水平方向上进行扩展或压缩文字。

②间距：通过调整"磅值"，加大或缩小文字的字间距。

③位置：通过调整"磅值"，改变文字相对水平基线提升或降低文字显示的位置。

（4）单击"确定"按钮。

3．给文本添加下划线、着重号、边框和底纹

用"格式/字体"和"格式/边框和底纹"命令：

（1）对文本加下划线或着重号

对文本加下划线或着重号的操作步骤如下：

①选定要加下划线或着重号的文本。

②选择"开始/字体"，单击右下角的"显示"按钮，打开"字体"对话框。

③在"字体"选项卡中，单击"下划线线型"列表框的下拉按钮，打开下划线线型表并选定所需的下划线。

④在"字体"选项卡中，单击"下划线颜色"列表框的下拉按钮，打开下划线颜色表并选定所需的颜色。

⑤单击"着重号"列表框的下拉按钮，打开着重号列表并选定所需的着重号。

⑥单击"确认"按钮。

"字体"选项卡中，还勾选删除线、双删除线、上标、下标、阴影、空心等复选框，使字体格式得到相应的效果。

（2）对文本加边框和底纹

对文本加边框和底纹的具体操作步骤：

①选定要加边框和底纹的文本。

②选择"开始/段落"，单击"边框和底纹"按钮，打开如图 4-17 所示的"边框和底纹"对话框。

图 4-17   "边框和底纹"对话框

③在"边框"选项卡的"设置"、"样式"、"颜色"、"宽度"等列表中选定所需的参数。

④在"应用于"列表框中用选定为"文字"。

⑤单击"确认"按钮。

如果要加"底纹",那么单击"底纹"标签,在"底纹"选项卡中做类似上述的操作:选定底纹的颜色和图案;在"应用于"列表框中用选定为"文字";单击"确认"按钮。

4．格式的复制

复制格式的具体操作步骤:

(1)选定已设置格式的文本。

(2)单击"剪贴板"组中的"格式刷"按钮 🖌️,此时鼠标指针变为刷子形。

(3)将鼠标指针移到要复制格式的文本开始处。

(4)拖动鼠标直到要复制格式的文本结束处,放开鼠标左键就完成格式的复制。

4.3.2　段落的排版

1．段落的左右边界的设置

段落的左(右)边界是指段落的左(右)端与页面左(右)边距之间的距离。

1)用"开始/段落"命令设置

用"开始/段落"命令设置段落边界的操作步骤如下:

(1)选定要设置左、右边界的段落。

(2)单击"开始/段落"命令,打开"段落"对话框,如图4-18所示。

(3)在"缩进与间距"选项卡中,单击"缩进"选项组下的"左(右)"文本框的增减按钮 ⬍,设定左、右边界的字符数。

(4)单击"特殊格式"列表框的下拉按钮,选择"首行缩进"、"悬挂缩进"或"无"确定段落首行的格式。

(5)单击"确定"按钮。

图4-18　"段落"对话框

2）用鼠标拖动标尺上的缩进标记

在页面视图下，Word 窗口中可以显示一水平标尺。可以用鼠标拖动水平标尺上的缩进标记设置段落左、右边界。下面分别介绍各个标记的功能：

（1）首行缩进标记 ▽：控制每一段第一行左缩进位置。

（2）悬挂缩进标记 △：控制除每一段第一行外的其余各行左缩进位置。

（3）左缩进标记 ▢：控制每一段所有行左缩进位置。

（4）右缩进标记 △：控制每一段所有行右缩进位置。拖动它可设置段落的右边界。

2．段落对齐方式的设置

用"格式/段落"命令设置对齐方式的具体操作步骤：

（1）选定要设置对齐方式的段落。

（2）单击"开始/段落"中的"段落"对话框按钮，打开"段落"对话框。

（3）在"缩进和间距"选项卡中，单击"对齐方式"列表框的下拉按钮，在对齐方式的列表中选定相应的对齐方式。

（4）单击"确定"按钮。

3．段间距与行间距的设置

1）设置段间距

设置段间距的具体操作步骤：

（1）选定要改变段间距的段落。

（2）单击"开始/段落"中的"段落"对话框按钮，打开"段落"对话框。

（3）单击"缩进和间距"选项卡中"间距"选项组的"段前"和"段后"文本框的增减按钮 ⬍，设定间距，每按一次增加或减少 0.5 行。也可以在文本框中直接键入数字和单位（如厘米或磅）。

（4）单击"确定"按钮。

2）设置行间距

设置行间距的具体操作步骤：

（1）选定要设置行间距的段落。

（2）单击"开始/段落"中的"段落"对话框按钮，打开"段落"对话框。

（3）单击"行距"列表框下拉按钮 ▾，选择所需的行距选项。

（4）在"设置值"框中要键入具体的设置值。

（5）单击"确定"按钮。

提示：

①段落的左右边界、特殊格式、段间距和行距的单位可以设置为"字符"、"行"或"厘米"、"磅"。其设置方法是：选择"文件/选项/高级"命令，在"使用 Word 时采用的高级选项"对话框"显示"组的"度量单位"下拉列表框中选定"厘米"并单击"确定"按钮。如图 4-19 所示。如果没有选用"使用字符单位"的复选框，则"格式"对话框中就以"厘米"、"磅"为单位显示；如果选用"使用字符单位"的复选框，则"格式"对话框中就以"字符"、"行"为单位显示，分别如图 4-20、图 4-21 所示。

图 4-19 "使用 Word 时采用的高级选项"对话框

图 4-20 以"厘米"、"磅"为单位
的"段落"对话框

图 4-21 以"字符"、"行"为单位
的"段落"对话框

②设置段落的左右边界、特殊格式、段间距和行距时，可以采用指定单位，如左右边界用厘米，首行缩进用"字符"，间距用"磅"等。只要在键入设置值的同时键入单位即可。

4. 给段落添加边框和底纹

对段落加边框和底纹的具体操作步骤：

（1）选定要加边框和底纹的段落。

（2）选择"开始/段落"，单击"边框和底纹"按钮 ，打开 "边框和底纹"对话框。

（3）在"边框"选项卡的"设置"、"样式"、"颜色"、"宽度"等列表中选定所需的参数。

（4）在"应用于"列表框中用选定为"段落"。

（5）单击"确认"按钮。

如果要加"底纹"，那么单击"底纹"标签，在"底纹"选项卡中做类似上述的操作：选定底纹的颜色和图案；在"应用于"列表框中用选定为"段落"；单击"确认"按钮。

5．项目符号和段落编号

对各段文本添加编号或项目符号具体操作步骤：

（1）选定要添加段落编号（或项目符号）的各段落。

（2）单击"开始/段落"中的"编号"按钮 ≣ ˇ（或"项目符号"按钮 ≣·）下拉按钮，单击所需编号（或项目符号）。

"项目符号"库中，有七种项目符号。在"编号"库中，有七种项目编号形式如图 4-22 所示。可以单击选定其中一种。

图 4-22　编号库

6．制表位的设定

1）使用标尺设置制表位

在水平标尺左端有一制表位对齐方式按钮 ⌊，不断单击它可以循环出现左对齐、居中对齐、右对齐、小数点对齐和竖线等五个制表符，可以单击选定它们。

使用标尺设置制表位的具体操作步骤：

（1）将插入点置于要设置制表位的段落。

（2）单击水平标尺左端的制表位对齐方式按钮，选定一种制表符。

（3）单击水平标尺上要设置制表位的地方。此时在该位置上出现选定的制表符图标。

（4）重复（2）、（3）两步可以完成制表位设置工作。

（5）可以拖动水平标尺上的制表符图标调整其位置，如果拖动的同时按住 Alt 键，则可以看到精确的位置数据。

设置好制表符位置后，当键入文本并按 Tab 键时，插入点将依次移到所设置的下一制表位上。如果想取消制表位的设置，那么只要往下拖动水平标尺上的制表符图标离开水平标尺即可。

2）使用"开始/段落/制表位"设置制表位

使用"开始/段落/制表位"设置制表位的步骤是：

（1）将插入点置于要设置制表位的段落。

（2）单击"开始/段落"中的"显示"按钮，打开"段落"对话框。

（3）在"段落"对话框中，单击"制表位"按钮，打开"制表位"对话框如图 4-23 所示。

图 4-23 "制表位"对话框

（4）在"制表位位置"文本框中键入具体的位置值（以字符为单位）。

（5）在"对齐方式"选项组中，单击选择某一种对齐方式单选框。

（6）在"前导符"选项组中选择一种前导符。

（7）单击"设置"按钮。

（8）重复（4）～（7）步，可以设置多个制表位。

如果要删除某个制表位，则可以在"制表位位置"文本框中选定要清除的制表位位置，并单击"清除"按钮即可。单击"全部清除"按钮可以一次清除所有设置的制表位。

设置制表位时，还可以设置带前导符的制表位。

4.3.3 版面设置

1．页面设置

页面设置的具体操作步骤：

（1）单击"页面设置"选项卡中的"显示"按钮 ，打开如图 4-24 所示的"页面设置"对话框。对话框中包含有"页边距"、"纸张"、"版式"和"文档网络"等四个选项卡。

（2）在"页边距"选项卡中，可以设置上、下、左、右页边距和页眉页脚距边界的位置；"应用于"列表框中可选"整篇文档"或"插入点之后"。在"装订线"文本框中填入边距的数值，并选定"装订线位置"。"方向"选项组中可选"纵向"或"横向"。

（3）在"纸张"选项卡中，可以设置纸张大小和方向。单击"纸张大小"列表框下拉按钮，在标准纸张的列表中选择一项，也可在"宽度"和"高度"框中分别填入纸张的大小。

（4）在"版式"选项卡中，可设置页眉和页脚在文档中的编排形式，可从"奇偶页不同"或"首页不同"两项中选定，还可设置页面的垂直对齐方式等。

（5）在"文档网格"选项卡中，可设置每一页中的行数和每行的字符数，还可设置分栏数。

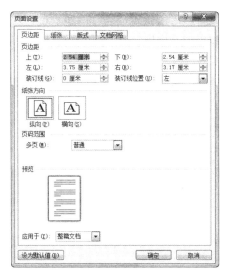

图 4-24　"页面设置"对话框

（6）单击"确定"按钮。

2．插入分页符

插入分页符的具体操作步骤：

（1）将插入点移到新的一页的开始位置。

（2）选择"页面布局/页面设置"，单击"分隔符"按钮 ，在弹出的下拉列表中，选中"分页符"选项。

如果想删除分页符，只要把插入点移到人工分页符前，按 Delete 键即可。

3．插入页码

插入页码具体操作步骤：

（1）选择"插入/页眉和页脚"，单击"页码"按钮，显示如图 4-25 所示列表。

图 4-25　"页码"下拉列表

（2）从列表中选定页码的位置。

（3）单击"设置页码格式"（参考图 4-25），打开"页码格式"对话框，在此对话框中设定页码格式。

（4）单击"确定"按钮。

4．页眉和页脚

1）建立页眉/页脚

建立页眉/页脚的具体操作步骤：

（1）选择"插入/页眉和页脚"，单击页眉按钮 <img>（或页脚按钮 <img>），在弹出的下拉列表中，单击选中所需页眉样式（或页脚样式），激活"页眉和页脚工具"的"设计"选项卡。如图 4-26 所示。

图 4-26　"页眉和页脚工具"的"设计"选项卡

（2）在"页眉"编辑窗口键入页眉文本，也可根据需要插入日期、图片和文档部件等内容。

（3）单击"导航"组中的"转至页眉"按钮 <img> 和"转至页脚"按钮 <img>，可以在页眉页脚进行切换编辑。

（4）单击"关闭页眉和页脚"按钮 <img>，完成页眉和页脚设置并返回文档编辑区。

2）建立奇偶页不同的页眉

建立奇偶页不同的页眉的具体操作步骤：

（1）双击页边距的顶部（或底部）激活"页面和页脚工具"的"设计"选项卡。

（2）选择"设计"选项卡，"选项"组，单击单击"奇偶页不同"复选框。

（3）返回到页眉编辑区，编辑奇偶页页眉和页脚。单击"导航"组中的"上一节"按钮（或"下一节"按钮）可以在不同的页眉（或页脚）间切换。

（4）单击"关闭页眉和页脚"按钮，完成页眉和页脚设置并返回文档编辑区。

3）页眉页脚的删除

选择"设计"选项卡，"页眉和页脚"组，单击页眉（或页脚）按钮在弹出的下拉列表框中单击"删除页眉"（或"删除页脚"）。

5．分栏排版

分栏排版的具体操作步骤：

（1）先选定要分栏排版的段落。

（2）选择"页面布局/页面设置"，单击"分栏/更多分栏"，打开"分栏"对话框，如图 4-27 所示。

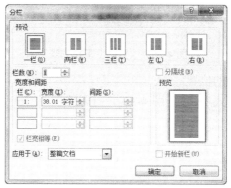

图 4-27　"分栏"对话框

（3）选定"预设"框中的分栏格式，或在"栏数"文本框中键入分栏数，在"宽度和间距"框中设置栏宽和间距。

（4）单击"栏宽相等"复选框，则各栏宽相等，否则可以逐栏设置宽度。

（5）单击"分隔线"复选框，可以在各栏之间加一分隔线。

（6）"应用于"文本框中有"整个文档"、"选定文本"等应用范围，选定后单击"确定"按钮。

提示：

①因为各栏宽度加间距之和等于页面宽度，所以，如果要同时设置栏宽和间距，则应先调整页面宽度。

②如果对整篇文档分栏（如两栏）时，显示结果未达到预期效果，改进的方法是先在文档结束处插入一分节符，然后再分栏。

③只有在"页面视图"或"打印预览"下才能显示分栏效果。

6．首字下沉

首字下沉的具体操作步骤：

（1）将插入点移到要设置或取消首字下沉的段落的任意处。

（2）选择"插入/文本"，单击"首字下沉"按钮，打开"首字下沉"对话框，如图 4-28 所示。

图 4-28　"首字下沉"对话框

（3）在"位置"的"无"、"下沉"和"悬挂"三种格式选项中选定一种。

（4）在"选项"选项组中选定首字的字体，"下沉行数"和"距正文"文本框中填入下沉行数和距其后面正文的距离。

（5）单击"确定"按钮。

7．水印

设置"水印"的具体操作步骤：

（1）选择"页面布局/页面背景"，单击"水印/自定义水印"，打开"水印"对话框如图 4-29 所示。

（2）若水印为图片，则单击"图片水印"单选框，再选择图片；若水印为文字水印，则单击"文字水印"单选框，再选择语言、文字、字体、和版式等

（3）单击"应用/确定"按钮完成设置。

如要取消水印，则可打开"水印"对话框，单击"无水印"单选框即可。

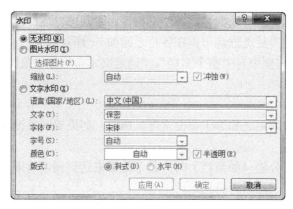

图 4-29　"水印"对话框

4.3.4　文档的打印

1．打印预览

单击"文件"选项卡，然后单击"打印"。窗口右侧将显示当前文档在打印时的外观预览。拖动"显示比例"滑块，可选定合适的显示比例。

2．打印

通过"打印预览"查看满意后，就可以打印了。

可以使用左侧窗口来微调首选项，如果要设置其他打印选项，请单击打印选项下的"页面设置"链接，或单击功能区中的"页面布局"选项卡，以关闭 Backstage 视图并显示其他选项。如图 4-30 所示。

图 4-30　Backstage 视图中的"打印"

4.4　Word 表格的制作

4.4.1　表格的创建和文本的输入

1. 自动创建简单表格

1）用"表格网格"创建表格

具体操作步骤如下：

（1）光标移到要插入表格的位置。

（2）选择"插入/表格"，单击"表格"按钮，在弹出的下拉列表中，鼠标移至"表格网格"上，直到突出显示合适数目的行和列。出现如图 4-31 所示的表格网格。

图 4-31　表格网格

（3）单击鼠标，表格自动插到当前的光标处。

提示：

通过"表格网格"创建表格一次最多只能插入 8 行 10 列的表格。

2）用"插入表格"选项卡创建表格

具体操作步骤如下：

（1）光标定位在要插入表格的位置。

（2）选择"插入/表格"，单击"表格/插入表格"打开"插入表格"对话框，如图 4-32 所示。

图 4-32　"插入表格"对话框

（3）在"表格尺寸"选项组的"行数"和"列数"框中分别输入所需表格的行数和列数。

"'自动调整'操作"选项组中默认为单选项"固定列宽"。

(4) 单击"确定"按钮。激活"表格工具"中的"设计"选项卡。

(5) 在"设计"选项卡中，依次选定所需"表格样式选项"及"表格样式"。

3）将文本转换成表格

具体操作步骤：

(1) 选定用制表符分隔的表格文本。

(2) 选择"插入"选项卡，"表格"组，单击"表格/文本转换成表格"打开"将文字转换成表格"对话框，如图 4-33 所示。

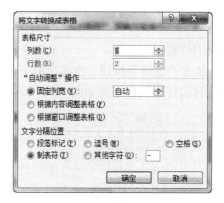

图 4-33 "将文字转换成表格"对话框

(3) 在对话框"表格尺寸"选项组的"列数"框中键入列数。

(4) 在"文字分隔位置"选项组中，选定"制表符"单选项。

(5) 单击"确定"按钮。

4）将表格转换成文本

具体操作步骤：

(1) 选定用制表符分隔的表格文本。

(2) 在"表格工具"窗口选择"布局"选项卡，"数据"组，单击"转换为文本"打开"表格转换成文本"对话框，如图 4-34 所示。

(3) 在对话框"文字分隔符"选项组选定"制表符"单选项。

(4) 单击"确定"按钮，就实现了文本到表格的转换。

图 4-34 "表格转换成文本"对话框

2．手工绘制复杂表格

手工绘制复杂表格的具体操作步骤：

（1）选择"插入/表格"，单击"表格/绘制表格"，鼠标指针变成"笔"状。

（2）将铅笔形状的鼠标指针移到要绘制表格的位置，按住鼠标左键拖动鼠标绘出表格的外框虚线，放开鼠标左键得实线的表格外框。

（3）拖动鼠标笔形指针，在表格中绘制水平或垂直线，也可以将鼠标指针移到单元格的一角向其对角画斜线。

（4）可以利用"表格边框"组中的"擦除"按钮，使鼠标变成橡皮形，把橡皮形鼠标指针移到要擦除线条，单击鼠标就可擦除选定的线段。

使用上述四步操作，可以绘制复杂的表格。另外，还可以利用"设计"选显卡，"表格样式"组中的"边框和底纹"对话框，如图 4-35 所示，设定边框的样式、颜色和宽度，底纹的颜色和图案使表格变得丰富多彩。

图 4-35　"边框和底纹"对话框

3．表格中输入文本

可以用鼠标在表格中移动插入点，也可以按 Tab 键将插入点移到下一个单元格，按 Shift + Tab 组合键可将插入点移到上一个单元格。按上、下箭头键可将插入点移到上、下一行。将插入点移到表格的单元格中即可输入文本。表格单元格中的文本可以使用选定、插入、删除、剪切和复制等基本编辑技术来编辑它们。

4.4.2　表格的选定和修改

1．选定表格

1）用鼠标选定单元格、行或列

具体操作步骤：

（1）选定单元格或单元格区域：鼠标指针移到要选定的单元格的选定区（"单元格的选定区"在单元格左边框靠内一侧），当指针由"I"变成"↗"形状时，单击鼠标选定单元格，向上、下、左、右拖动鼠标选定相邻多个单元格即单元格区域。

（2）选定表格的行：将鼠标指针移到文本区的"选定区"，鼠标指针指向要选定的行，单击鼠标选定一行；向下或向上拖动鼠标"选定"表中相邻的多行。

（3）选定表格的列：鼠标指针移到表格的最上面的边框线上，指针指向要选定的列，当鼠标指针由"I"变成↓形状时，单击鼠标选定一列；向左或向右拖动鼠标选定表中相邻的多列。

（4）选定不连续的单元格：按住 Ctrl 键，依次选中多个不连续的区域。

（5）选定整个表格：单击表格左上角的移动控制点 ✛，可以迅速选定整个表格。

2）用键盘选定单元格、行或列

具体操作步骤：

（1）按 Alt+数字键盘上的 5（Num Lock 键处于关闭状态）可以选定插入点所在的整个表格。

（2）如果插入点所在的下一个单元格中已输入文本，那么按 Tab 键可以选定下一单元格中的文本。

（3）如果插入点所在的上一个单元格中已输入文本，那么按 Shift + Tab 键可以选定上一单元格中的文本。

（4）按 Shift + End 键可以选定插入点所在的单元格。

（5）按 Shift + ↑/↓/→/→ 键可以选定包括插入点所在的单元格在内的相邻的单元格。

（6）按任意箭头键可以取消选定。

3）用"表格工具/布局"选项卡，"表"组下的"选择"按钮 ▷ 选择 ▾ 选定行、列或表格

具体操作步骤：

（1）选定全表：将插入点置于表格中的任一单元格中，选择"表格工具/布局/表/选择/选择表格"命令可选定全表。

（2）选定列：将插入点置于所选列的任一单元格中，执行"表格工具/布局/表/选择/选择列"可选定插入点所在列。

（3）选定行：将插入点置于所选行的任一单元格中，执行"表格工具/布局/表/选择/选择行"可选定插入点所在行。

（4）选定单元格：将插入点置于所选的任一单元格中，执行"表格工具/布局/表/选择/选择单元格"可选定插入点所在的单元格。

2．修改行高和列宽

1）用拖动鼠标修改表格的列宽

具体操作步骤：

（1）将鼠标指针移到表格的垂直框线上，当鼠标指针变成调整列宽指针 ↔ 形状时，按住鼠标左键，此时出现一条上下垂直的虚线。

（2）向左或右拖动，同时改变左列和右列的列宽。拖动鼠标到所需的新位置，放开左键即可。

如果想看到当前的列宽数据，只要在拖动鼠标时按住 Alt 键，水平标尺上就会显示列宽的数据。如图 4-36 所示。

上述方法的另一种操作是：将插入点移到表格中，此时水平标尺上出现表格的列标记 ▦（水平标尺上的一个小方块），当鼠标指针指向列标记时会变成水平的双向箭头，按住鼠标左键拖动列标记即可改变列宽。用类似的方法也可以改变行高。

提示：

①如果按 Shift 键的同时拖动鼠标，只调整左列的列宽，右列的宽度保持不变。

②拖动表格右下角处的表格大小控制点 ↘，可以改变表格大小。

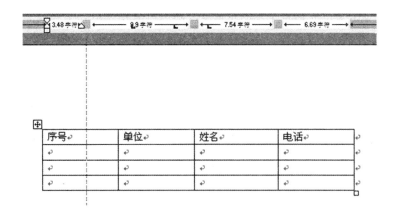

图 4-36　按住 Alt 键，拖动鼠标改变列宽的情况

2）用菜单命令改变列宽

具体操作步骤：

（1）选定要修改列宽的一列或数列。

（2）选择"表格工具/布局/表"，单击"属性"按钮，打开的"表格属性"对话框，单击"列"标签，如图 4-37 所示。

图 4-37　"表格属性"对话框中"列"选项卡

（3）单击在"指定宽度"前的复选框，并在文本框中键入列宽的数值，在"度量单位"下拉列表框中选定单位。

（4）单击"确定"按钮。

提示：

单击"前一列"或"后一列"按钮可在不关闭对话框的情况下设置相邻列的列宽。同样也可以通过"属性"命令，单击"单元格"选项卡，在"指定宽度"文本框中键入列宽的数值来修改列宽，这种方法只能局限于修改光标所在列的列值。另外需要指出的是，在表格属性的"表格"选项卡下，先指定全表的总宽度，然后再分别设定列宽。

3）用菜单命令改变行高

具体操作步骤：

（1）选定要修改行高的一行或数行。

（2）选择"表格工具/布局/表"，单击"属性"按钮，打开的"表格属性"对话框，单击"行"选项卡，打开如图 4-38 所示的"表格属性"对话框的"行"选项卡。

图 4-38 "表格属性"对话框中"行"选项卡

（3）若选定"指定高度"前的复选框，则在文本框中键入行高的数值，并在"行高值是"下拉列表框中选定"最小值"或"固定值"。否则，行高默认为自动设置。

（4）单击"确定"按钮。

3．插入或删除行或列

1）插入行（列）

具体操作步骤：

（1）选定表格中的相邻若干行（列）。

（2）选择"表格工具/布局/行和列"，单击"在上方插入"/"在下方插入"（"在左侧插入"/"在右侧插入"），可在当前行的上/下（左/右）插入与选定行（列）相同数量的行（列）。

2）插入单元格

具体操作步骤：

（1）选定表格中的相邻若干单元格。

（2）选择"表格工具/布局/行和列"，单击"显示"按钮，打开"插入单元格"对话框，如图 4-39 所示。

（3）在"插入单元格"对话框中选择下列操作之一：

①活动单元格右移。

②动单元格下移。

③整行插入。

④整列插入。

图 4-39　"插入单元格"对话框

3）删除表格

使用下列方法之一，可实现删除整个表格：

（1）将插入点移入表格任意单元格内，选择"表格工具/布局/行和列"，单击"删除/删除表格"。

（2）选定整个表格，单击"剪切"按钮 ✄。

4）删除行

使用下列方法之一，可实现删除表格行：

（1）选定表格中的一行或相邻的若干行，选择"表格工具/布局/行和列"组，单击"删除/删除行"。

（2）选定包括表格右框线外回车符在内的一行或相邻若干行，单击"剪切"按钮 ✄，可删除选定的表格行。

提示：

若选定的表格行未包括右框线外回车符，则单击"剪切"按钮 ✄ 后，仅执行清除选定的表格行内容，而非删除表格行。

5）删除列

使用下列方法之一，可实现删除表格列：

（1）选定表格中的一列或相邻的若干列，选择"表格工具/布局/行和列"，单击"删除/删除列"。

（2）选定表格中的一列或相邻的若干列，单击"剪切"按钮 ✄，可删除选定的表格列。

6）删除单元格

删除单元格的具体操作步骤：

（1）选定单元格区域。

（2）选择"表格工具/布局/行和列"，单击"删除/删除单元格"，在"删除单元格"对话框选择下列之一：

①右侧单元格左移：在删除单元格后其右侧的单元格（如果有的话）依次向左移动。

②下方单元格上移：在删除单元格后其下面的单元格（如果有的话）依次向上移动。

③删除整行：在删除单元格所在行，其下面的单元格（如果有的话）依次向上移动。

④删除整列：在删除单元格所在列，其右侧的单元格（如果有的话）依次向左移动。

7）清除单元格内容

使用下列方法之一，可实现表格单元格内容的删除：

（1）选定一个或多个单元格，按 Del 键；

（2）选定一个或多个单元格，单击"剪切"按钮 ✄。

提示：

上述操作（2）中选定的单元格不能是完整的一列或完整的若干列，否则将会删除这些列，而不是清除其内容；也不能是包括表格外框线右侧回车符在内的完整一行或完整的若干行，否则也将会删除这些行，而不是清除这些行的内容。

4．合并或拆分单元格

1）合并单元格

具体操作步骤：

（1）选定 2 个或 2 个以上相邻的单元格。

（2）选择"表格工具/布局/合并"，单击"合并单元格"按钮 ▦。

2）拆分单元格

具体操作步骤：

（1）选定要拆分的一个或多个单元格。

（2）选择"表格工具/布局/合并"，单击"拆分单元格"按钮 ▦，打开"拆分单元格"对话框。

（3）在"拆分单元格"对话框中键入要拆分的列数和行数。

（4）单击"确定"按钮。

5．拆分表格

具体操作步骤：

（1）将插入点置于拆分后成为新表格的第一行的任意单元格中。

（2）选择"表格工具/布局/合并"，单击"拆分表格"按钮 ▦，这样就在插入点所在行的上方插入一空白行，把表格拆分成两张表格。

如果要合并两个表格，只要删除两表格之间的换行符即可。

提示：

如果把插入点放在表格的第一行的任意列中，用"拆分表格"命令可以在表格头部前面加一空白行。

6．表格标题行的重复

具体操作步骤：

（1）选定第一页表格中的一行或多行标题行。

（2）选择"表格工具/布局/数据"，单击"重复标题行"。

7．表格格式的设置

1）表格自动套用格式设置

具体操作步骤：

（1）将插入点移到要排版的表格内。

（2）选择"表格工具/设计/表格样式选项"，根据所需勾选复选框。

（3）选择"表格工具/设计/表格样式"，单击下拉箭头 ▾，在列表框选定所需表格样式。

2）表格边框与底纹设置

具体操作步骤：

（1）选定要设置边框（或底纹）的表格部分。

（2）选择"表格工具/设计/表格样式"，单击"边框"，打开"边框和底纹"对话框，如

图 4-35 所示。

（3）选择"边框"选项卡，在"样式"下拉列表框中选定线型，在"宽度"下拉列表框中指定粗细，在"颜色"列表框中选定颜色，在"预览"窗格中单击相应的边框按钮设置所需的边框。

（4）选择"底纹"选项卡，单击"填充"的下拉按钮，打开主题颜色列表，可选择所需的底纹颜色。

3）设置表格在页面中的位置

具体操作步骤：

（1）选择"表格工具/布局/表"，单击"属性"，打开"表格属性"对话框。

（2）在弹出的"表格属性"对话框，单击"表格"选项卡，如图 4-40 所示。

图 4-40 "表格属性"对话框中的"表格"选项卡

（3）在"尺寸"选项组中，如选择"指定宽度"复选框，则可设定具体的表格宽度。

（4）在"对齐方式"选项组中，选择表格对齐方式；在"文字环绕"选项组中选择"无"或"环绕"。

（5）单击"确认"按钮。

4）表格中文本格式的设置

表格中的文字同样可以用对文档文本排版的方法进行诸如字体、字号、字形、颜色和左、中、右对齐方式等设置。此外，还可以选择"布局"选项卡，"对齐方式"组，选择 9 种对齐方式中的一种，还可设定文字方向及单元格的边距。

4.4.3 表格内数据的排序和计算

1．排序

下面以对学生考试成绩表排序为例介绍具体排序操作。

将学生考试成绩表（表 4-2），按数学成绩进行递减排序，当两个学生的数学成绩相同时，再按英语成绩递减排序。

表 4-2 学生考试成绩（排序前）

姓名	英语	物理	数学	平均成绩
王芳	85	78	89	
李国强	70	84	77	
张一鸣	90	80	89	

具体操作步骤如下：

（1）将插入点置于要排序的学生考试成绩表表格中。

（2）选择"表格工具/布局/数据"组，单击"排序"，打开如图 4-41 所示的"排序"对话框。

图 4-41 "排序"对话框

（3）在"主要关键字"列表框中选定"数学"项，其右边的"类型"列表框中选定"数字"，再单击"降序"单选框。

（4）在"次要关键字"列表框中选定"英语"项，其右边的"类型"列表框中选定"数字"，再单击"降序"单选框。

（5）在"列表"选项组中，单击"有标题行"单选框。

（6）单击"确认"按钮。

表 4-3 展示了排序后的结果。

表 4-3 学生考试成绩（排序后）

姓名	英语	物理	数学	平均成绩
张一鸣	90	80	89	
王芳	85	78	89	
李国强	70	84	77	

2. 计算

Word 提供了对表格数据一些诸如求和、求平均值等常用的统计计算功能。利用这些计算功能可以对表格中的数据进行计算。

以表 4-3 计算学生考试平均成绩为例，计算平均成绩（保留小数点后两位）。

具体操作步骤如下：

（1）将插入点移到存放平均成绩的单元格中。本例中放在第二行的最后一列。

（2）选择"表格工具/布局/数据"，单击"公式"，打开如图 4-42 所示的"公式"对话框。

（3）在"公式"列表框中显示"=SUM（LEFT）"，表明要计算左边各列数据的总和，而例题要求计算其平均值，所以应将其修改为"=AVERAGE（LEFT）"，公式名也可以在"粘贴函数"列表框中选定。

（4）在"编号格式"列表框中选定"0.00"格式，表示保留到小数点后两位。

（5）单击"确认"按钮。

同样的操作可以求得各行的平均成绩。

姓名	英语	物理	数学	平均成绩
张一鸣	90	80	89	86.33
王芳	85	78	89	84.00
李国强	70	84	77	

图 4-42 "公式"对话框

4.5 Word 的图文混排功能

4.5.1 图片的插入及其格式设置

1. 插入剪贴画（或图片）

插入剪贴画（或图片）的具体操作步骤：

（1）将插入点移到要插入剪贴画或图片的位置。

（2）选择"插入"选项卡，"插图"组，单击"剪贴画"显示"剪贴画"任务窗格，如图 4-43 所示。

图 4-43 "剪贴画"任务窗格

（3）在"剪贴画"任务窗格，"搜索文字"对话框，输入"标志"，单击搜索。

（4）单击右窗格中的剪贴画，所选定的图片就插入到文档中了。

2．图片格式的设置

单击选定图片，激活"图片工具"窗口中的"格式"选项卡，如图 4-44 所示。拖动 8 个控制点可以改变图片的大小，利用"格式"选项卡可以调整图片，设置图片的阴影效果、图片的排列、大小、和边框。

图 4-44　"图片工具"窗口中的"格式"选项卡

下面介绍利用"图片工具"窗口中的"格式"选项卡简单设置图片的方法。

1）改变图片大小和移动图片位置

具体操作步骤：

（1）单击选定的图片，激活"图片工具/格式"选项卡。图片周围出现 8 个控制柄。

（2）将鼠标指针移到图片中的任意位置，单击鼠标，拖动图片可以将图片移动到新的位置。

（3）将鼠标移到控制柄处，鼠标指针变成水平、垂直或斜对角的双向箭头时，按箭头方向拖动指针可以改变图片水平、垂直或斜对角方向的大小尺寸。

2）图片剪裁

具体操作步骤：

（1）单击选定需要裁剪的图片。

（2）选择"图片工具/格式/大小"，单击"裁剪"下拉列表中的"裁剪"。图片出现四个中心裁剪控点 |，四个角部裁剪控点 ⌐，表示裁剪工具已激活。

（3）若要裁剪某一侧，请将该侧的中心裁剪控点向里拖动。若要同时均匀地裁剪两侧，需按住 Ctrl 的同时将任一侧的中心裁剪控点向里拖动。若要同时均匀地裁剪全部四侧，需按住 Ctrl 的同时将一个角部裁剪控点向里拖动。

（4）完成裁剪，按 Esc 键退出。

3）设置文字的环绕

具体操作步骤：

（1）单击选定的图片。

（2）选择"图片工具/格式/排列"，单击"位置"下拉列表中所需的文字环绕。

4）为图片添加边框

具体操作步骤：

（1）单击选定的图片。

（2）选择"图片工具/格式/边框"组，单击"显示"按钮 打开"设置图片格式"对话框，如图 4-45 所示。

图 4-45 "设置图片格式"对话框

（3）在"颜色与线条"选项卡中，选择所需线条颜色、虚实、线型和粗细。

（4）单击"确定"按钮。

5）重设图片

具体操作步骤：

选择"图片工具/格式/调整"，单击"重设图片"按钮 🖼️取消前面所做的设置，使图片恢复到插入时的状态。

6）图片的复制和删除

复制图片的具体操作步骤：

（1）单击选定要复制的图片。

（2）选择"开始/剪贴板"，单击"复制"按钮 🔳。

（3）移动插入点到图片副本所需的位置，再单击"粘贴/粘贴图片 🖼️"按钮。

删除图片的步骤比较简单，只要先选定要删除的图片，然后单击"常用"工具栏中的"剪切"按钮或按 Delete 键即可。

4.5.2 绘制图形

利用 Word"插入"选项卡中的"插图"组的"形状"工具，可以轻松的绘制各种图形

选择"插入"选项卡，"插图"组，单击"形状"下拉列表中所选形状，如图 4-46 所示。将十字形鼠标指针移到要绘制图形的位置，拖动鼠标即可绘出选定的图形。激活"绘图工具"窗口中的"格式"选项卡，如图 4-47 所示。绘图"格式"包含"插入形状"、"形状样式"、"阴影效果"、"三维效果"、"排列"和"大小"六个组。通过功能区为图形添加文本、填充颜色、更改形状、添加阴影、具有三维立体效果、更改图形的排列以及精确绘制图形大小。

1. 创建图形

创建图形的具体操作步骤：

（1）选择"插入/插图"，单击"形状"下拉列表中所选形状。

（2）在绘制图形的位置，拖动鼠标即可绘出选定的图形。通过鼠标拖动控制柄能改变图

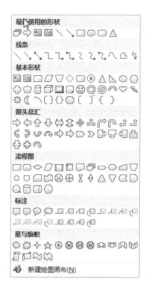

图 4-46 "形状"下拉列表

图 4-47 "绘图工具"窗口中的"格式"选项卡

形形状。

单击要更改的形状，在"格式"选项卡上的"形状样式"组中，单击"更改形状"，然后选择其他形状。使用这些简单图形，加上控制大小和位置就可组合出复杂的图形。

2．图形中添加文字

在图形中添加文字的具体操作步骤如下：

（1）将鼠标指针移到要添加文字的图形中。

（2）选择"格式/插入形状"，单击"添加文字"按钮 ▣ ，（或右击该图形，弹出快捷菜单。执行快捷菜单中的"添加文字"命令。）此时插入点移到图形内部。激活"文本框工具"窗口中的"格式"选项卡。

（3）在插入点之后键入文字即可。

3．设置图形颜色、线条、三维效果

设置图形颜色、线条、三维效果的具体操作步骤如下：

（1）选中要添加效果的图形

（2）选择"格式/形状样式"，单击"形状填充"，可以更改图形的颜色；选择"格式/形状样式"，单击"形状轮廓"，可以设置轮廓的粗细、虚线线形和箭头样式；选择"格式/形状样式"，单击"形状效果"，可以从效果列表中选定所需效果。

4．图形的叠放次序

设置图形叠放次序的具体操作步骤：

（1）选定要改变叠放关系的图形对象。

（2）选择"绘图工具/格式/排列"，单击"上移一层"（或"下移一层"）

图 4-48 展示了将处于第三层的十字星上移一层后的情况。

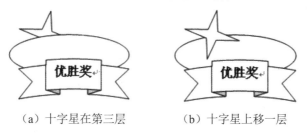

（a）十字星在第三层　　　　（b）十字星上移一层

图 4-48 改变图形示例

5．多个图形的组合

多个图形的组合的具体操作步骤：

（1）选择"开始"选项卡，"编辑"组，单击"选择"按钮 ⋮ 选择 ‧

（2）将鼠标指针移到所有要组合的图形的左上角，按住左键拖出虚线框，使之包含所有要组合的简单图形。

（3）选择"绘图工具/格式/排列"，单击"组合/组合"。

4.5.3　使用文本框

文本框是一独立的对象，框中的文字和图片可随文本框移动，它与给文字加边框是不同的概念。实际上，可以把文本框看作一个特殊的图形对象。利用文本框可以把文档编排得更丰富多彩。

1．绘制文本框

绘制文本框的具体操作步骤：

（1）选择"插入/插图"，单击"形状/基本形状/文本框"。

（2）按住左键拖动鼠标绘制文本框。

（3）插入点在文本框中。可以在文本框中输入文本或插入图片。

2．改变文本框的位置、大小和环绕方式

具体操作步骤：

（1）移动文本框：鼠标指针指向文本框的边框线，当鼠标指针变成 ✥ 形状时，用鼠标拖动文本框，实现文本框的移动。

（2）复制文本框：选中文本框，选择"开始/剪贴板"，单击"粘贴/粘贴图片"（或按 Ctrl 键的同时，用鼠标拖动文本框。）可实现文本框的复制。

（3）改变文本框的大小：选定文本框，在它四周出现 8 个控制柄，向内/外拖动文本框边框线上的控制柄，可改变文本框的大小。

（4）改变文本框的环绕方式：选定的文本框，选择"文本框工具/格式/排列"，单击"位置/其他布局/文字环绕"中所需环绕方式。

3．文本框格式设置

文本框格式设置的具体操作步骤：

（1）选定要操作的文本框。

（2）选择"格式/文本框样式"，单击"显示"按钮 打开如图 4-49 所示的"设置文本框格式"对话框，单击"颜色与线条"选项卡。

（3）在"颜色与线条"选项卡"填充"选项组"颜色"列表框中选定要填充的颜色。

（4）在"线条"选项组"颜色"列表框中选定边框的颜色，在"线型"列表框中选定边框的线型、虚实和粗细。

（5）单击"确认"按钮。

图 4-49 "设置文本框格式"对话框

4.6 操作题

1．试对"文档 1.DOCX"中的文字进行编辑、排版和保存。具体要求如下：

（1）将文中所有错词"燥声"替换为"噪声"。将标题段文字（"噪声的危害"）设置为红色二号黑体、加粗、居中，并添加双波浪下划线（""）。

（2）设置正文第一段（"噪声是任何一种……种种危害。"）首字下沉 2 行（距正文 0.2 厘米）；设置正文其余各段落（"强烈的燥声会引起……就更大了。"）首行缩进 2 字符并添加编号"一、""二、""三、"。

（3）设置上、下页边距各为 3 厘米。

（4）将文中后 8 行文字转换成一个 8 行 2 列的表格。设置表格居中、表格列宽为 4.5 厘米、行高为 0.7 厘米，表格中所有文字水平居中。

（5）设置表格外框线为 1.5 磅绿色单实线、内框线为 0.5 磅绿色单实线；按"人体感受"列降序排列表格内容（依据"拼音"类型）。

【文档 1.DOCX 文档开始】

燥声的危害

燥声是任何一种人都不需要的声音，不论是音乐，还是机器发出来的声音，只要令人生厌，对人们形成干扰，它们就被称为燥声。一般将 60 分贝作为令人烦恼的音量界限，超过 60 分贝就会对人体产生种种危害。

强烈的燥声会引起听觉器官的损伤。当你刚从机器轰鸣的厂房出来时，可能会感到耳朵听不清声音了，必须过一会儿才能恢复正常，这便是燥声性耳聋。如果长期在这种环境下工作，会使听力显著下降。

燥声会严重干扰中枢神经正常功能，使人神经衰弱、消化不良，以至恶心、呕吐、头痛，它是现代文明病的一大根源。

燥声还会影响人们的正常工作和生活，使人不易入睡，容易惊醒，产生各种不愉快的感觉，对脑力劳动者和病人的影响就更大了。

声音的强度与人体感受之间的关系

声音强度	人体感受
0～20 分贝	很静
20～40 分贝	安静
40～60 分贝	一般
60～80 分贝	吵闹
80～100 分贝	很吵闹
100～120 分贝	难以忍受
120～140 分贝	痛苦

【文档 1.DOCX 文档结束】

2．试对"文档 2.DOCX"中的文字进行编辑、排版和保存，具体要求如下：

（1）将文中所有错词"摹拟"替换为"模拟"。将标题段（"计算机的分类"）文字设置为二号、右下斜偏移阴影、黑体、加粗、居中、倾斜，并添加浅绿色底纹。

（2）设置正文各段落（"电子计算机从总体上……普及与应用"）为 1.25 倍行距，段后间距 0.5 行。设置正文段落首行缩进 2 字符；为正文第二段和第三段（"电子模拟计算机：……不连续地跳动。"）添加项目符号"■"。

（3）设置页面"纸张"为"16 开（18.4×26 厘米）"。

（4）将文中后 7 行文字转换为一个 7 行 3 列的表格，设置表格居中、表格列宽为 4 厘米、行高为 0.6 厘米，设置表格所有文字"水平居中"。

（5）设置表格所有框线为 0.75 磅蓝色单实线；为表格第一行添加"20%"灰色底纹；按"比较内容"列升序排列表格内容（依据"拼音"类型）。

【文档 2.DOCX 文档开始】

计算机的分类

电子计算机从总体上说可分为两大类：

电子摹拟计算机："摹拟"就是相似的意思，例如时钟是用指针在表盘上转动来表示时间；电表是用角度来反映电量大小，它们都是摹拟计算装置。摹拟计算机的特点是数值由连续量来表示，运算过程也是连续的。

电子数字计算机：它是在算盘的基础上发展起来的，是用数目字来表示数量的大小。数字计算机的主要特点是按位运算，并且不连续地跳动。

电子摹拟计算机由于精度和解题能力都有限，所以应用范围较小。电子数字计算机则与摹拟计算机不同，它是以近似于人类的"思维过程"来进行工作的，目前已得到了广泛的普及与应用。

数字计算机与摹拟计算机的主要区别

比较内容	数字计算机	摹拟计算机
数据表示方式	数字 0 和 1	电压
计算方式	数字计算	电压组合和测量值
控制方式	程序控制	盘上连线
精度	高	低
数据存储量	大	小
逻辑判断能力	强	无

【文档 2.DOCX 文档结束】

操作题操作步骤

1. （1）选择"开始/编辑/替换"，打开"查找替换"对话框，在"查找内容"框键入"燥声"，在"替换为"框键入"噪声"，单击"全部替换"；选中"噪声的危害"选择"段落"组中的"居中"按钮；选择"开始/字体" ⬛ 打开"字体对"话框，在"字体"选项卡中，"中文字体"选定"黑体"；"字形"选定"加粗"；"字号"选定"二号"；"字体颜色"选定"红色"；"下划线线型"选定"双波浪下划线"。单击"确定"。

（2）选择"插入/文本/首字下沉/首字下沉选项"，在弹出的"首字下沉"对话框，选定"位置"中的"下沉"，"下沉行数"中的"2"；　选择"开始/段落" ⬛ 打开"段落"对话框 ，选择"缩进和间距/缩进"选中"特殊格式"中的"首行缩进"；选中"磅值"中的"2 字符"。选择"段落/编号"在下拉列表中选定"一、二、三"。

（3）选择"页面布局/页边距/自定义边距"，打开"页面设置"对话框，在"页边距"组"上"、"下"键入"3"，单击"确定"。

（4）选择"插入/表格/文本转换成表格"，在弹出的"将文本转换成表格"对话框，选中"列数"为"2"，单击"确定"；选择"开始/段落"单击"居中"；选择"表格工具/布局/单元格大小"，单击"表格行高"，选定"0.7 厘米"，单击"单元格列宽"，选定"4.5 厘米"；选择"表格工具/布局/对齐方式"，单击"水平居中"。

（5）选择"表格工具/设计/表格样式/底纹/边框和底纹"，在弹出的 "边框和底纹"对话框选择"边框"选项卡，单击"虚框"，"样式"选中"单实线"，"颜色"选中"绿色"，"宽度”选中“1.5 磅”；在“预览”窗格取消横、竖“间隔线”，“宽度”选中“0.5 磅”再单击横竖“间隔线”；选中整个表格，选择“表格工具/布局/数据”，单击“排序”按钮，弹出“排序”对话框，在“列表”单击“有标题”单选框，“主要关键字 ”选中“人体感受”，“类型”选中“拼音”，单击“降序”单选框，单击“确定”。

结果如图 4-50 所示。

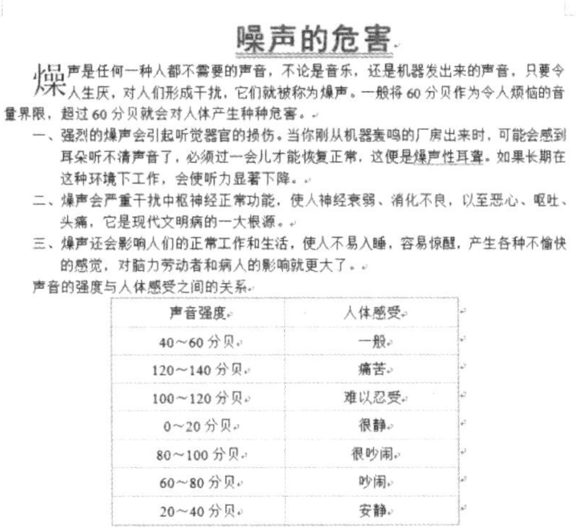

噪声的危害

噪声是任何一种人都不需要的声音，不论是音乐，还是机器发出来的声音，只要令人生厌，对人们形成干扰，它们就被称为噪声。一般将 60 分贝作为令人烦恼的音量界限，超过 60 分贝就会对人体产生种种危害。

一、强烈的噪声会引起听觉器官的损伤。当你刚从机器轰鸣的厂房出来时，可能会感到耳朵听不清声音了，必须过一会儿才能恢复正常，这便是噪声性耳聋。如果长期在这种环境下工作，会使听力显著下降。

二、噪声会严重干扰中枢神经正常功能，使人神经衰弱、消化不良，以至恶心、呕吐、头痛，它是现代文明病的一大根源。

三、噪声还会影响人们的正常工作和生活，使人不易入睡，容易惊醒，产生各种不愉快的感觉，对脑力劳动者和病人的影响就更大了。

声音的强度与人体感受之间的关系

声音强度	人体感受
40～60 分贝	一般
120～140 分贝	痛苦
100～120 分贝	难以忍受
0～20 分贝	很静
80～100 分贝	很吵闹
60～80 分贝	吵闹
20～40 分贝	安静

图 4-50 操作题 1 结果

2.（1）选择“开始/编辑/替换”，打开“查找替换”对话框，在“查找内容”框键入“摹拟”，在“替换为”框键入“模拟”，单击“全部替换”。选中“计算机的分类”选择“开始/字体” 打开“字体对”话框, 在“字体”选项卡中，“中文字体”选定“黑体”；“字形”选定“加粗倾斜”；“字号”选定“二号”；选择“开始/字体”，选中“文本效果/阴影”，在下拉列表中选定“右下斜偏移”；选择“开始/段落”单击“居中”按钮；选择“开始/段落/边框/边框和底纹”，单击“底纹”选项卡，在“填充”选中“浅绿色”，“应用于”选中“文字”。

（2）选择“开始/段落” 打开“段落”对话框 ，选择“缩进和间距/间距”“段后”选中“0.5 行”；“行距”选中“多倍行距”，“设置值”选中“1.25”；在“缩进和间距/缩进”中，“特殊格式”选中“首行缩进”，“磅值”选中“2 字符”；选中正文第二段和第三段（“电子模拟计算机：……不连续地跳动。”），选择“开始/段落”单击“项目符号”，在下拉列表中，选中“■”。

（3）选择“页面布局/页面设置”中的 ，在弹出的“页面设置”对话框，在“纸张/纸张大小”中选定“16 开（18.4×26 厘米）”，单击“确定”。

（4）选中后七行数据，选择“插入/表格/文本转换成表格”，在弹出的“将文本转换成表格”对话框，选中“列数”为“3”，单击“确定”。选择“开始/段落”单击“居中”；选择“表格工具/布局/单元格大小”，单击“表格行高”，选定“0.6 厘米”，单击“单元格列宽”，选定“4 厘米”；选择“表格工具/布局/对齐方式”，单击“水平居中”。

（5）选中整个表格，选择“表格工具/设计/表格样式/底纹/边框和底纹”，在弹出的“边框和底纹”对话框选择“边框”选项卡，单击“全部”，“样式”选中“单实线”，“颜色”选中“蓝色”，“宽度”选中“0.75 磅”；单击“确定”。选中第一行，选择“表格工具/设计/表格样式/底纹/边框和底纹"，在弹出的"边框和底纹"对话框选择"底纹"选项卡，"图案"选中"20%"灰色底纹，单击"确定"；选中整个表格，选择"表格工具/布局/数据"，单击"排序"按钮，弹出"排序"对话框，在"列表"单击"有标题"单选框，"主要关键字"选中"比较内容"，"类型"选中"拼音"，单击"升序"单选框，单击"确定"。

结果如图 4-51 所示。

计算机的分类

电子计算机从总体上说可分为两大类。

■ 电子模拟计算机，"模拟"就是相似的意思，例如时钟是用指针在表盘上转动来表示时间，电表是用角度来反映电量大小，它们都是模拟计算装置。模拟计算机的特点是数值由连续量来表示，运算过程也是连续的。

■ 电子数字计算机，它是在算盘的基础上发展起来的，是用数目字来表示数量的大小。数字计算机的主要特点是按位运算，并且不连续地跳动。

电子模拟计算机由于精度和解题能力都有限，所以应用范围较小。电子数字计算机则与模拟计算机不同，它是以近似于人类的"思维过程"来进行工作的，目前已得到了广泛的普及与应用。

数字计算机与摹拟计算机的主要区别

比较内容	数字计算机	摹拟计算机
计算方式	数字计算	电压组合和测量值
精度	高	低
控制方式	程序控制	盘上连线
逻辑判断能力	强	无
数据表示方式	数字 0 和 1	电压
数据存储量	大	小

图 4-51　操作题 2 结果

4.7　实例操作演示

第 5 章　Excel 2010 的使用

Excel 2010 集文字、数据、图形及图表于一体，不仅可以制作各类电子表格，还可以组织、计算和分析多种类型的数据方便的制作图表，是目前使用最方便功能最强大的电子表格处理软件。

本章将详细介绍 Excel 的基本操作和使用方法。通过本章的学习，应掌握：

1．Excel 的基本概念以及工作簿和工作表的建立、保存和保护等。

2．工作表的数据输入和编辑、工作表和工作簿的使用和保护等。

3．在工作表中利用公式和函数进行数据计算。

4．工作表中单元格格式、行列属性、自动套用格式、条件格式等格式化设置。

5．Excel 图表的建立、编辑与修饰等。

6．工作表数据清单的建立、排序、筛选和分类汇总等数据库操作。

7．工作表的页面设置和打印、工作表中超链接的建立等。

5.1　Excel 2010 概述

5.1.1　Excel 基本功能

1．方便的表格制作

Excel 可以快捷地建立数据表格，即工作簿和工作表，输入和编辑工作表中的数据，方便和灵活地操作和使用工作表以及对工作表进行多种格式化设置。

2．强大的计算能力

Excel 提供简单易学的公式输入方式和丰富的函数，利用自定义的公式和 Excel 提供的各类函数可以进行各种复杂计算。

3．丰富的图表表现

Excel 提供便捷的图表向导，可以轻松建立和编辑出多种类型的、与工作表对应的统计图表，并可以对图表进行精美的修饰。

4．快速的数据库操作

Excel 把数据表与数据库操作融为一体，利用 Excel 提供的菜单选项和命令可以对以工作表形式存在的数据清单进行排序、筛选和分类汇总等操作。

5.1.2 Excel 基本概念

1. Excel 窗口

Excel 应用程序工作窗口由标题栏、选项卡、选项组（组）、名称框、数据编辑区、工作表标签和状态栏等组成。如图 5-1 所示。

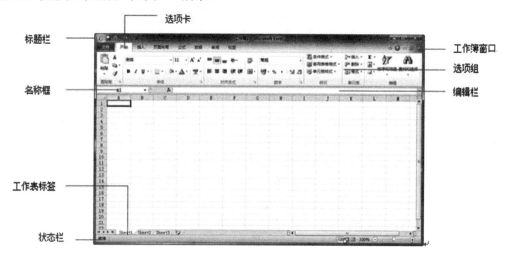

图 5-1 Excel 应用程序窗口

（1）标题栏

标题栏位于窗口顶部，显示 Excel 当前工作簿名，标题栏左侧的 图标是"控制菜单"图标；标题栏右侧依次是自定义快速访问工具栏、最小化、最大化（还原）、关闭窗口按钮。拖动标题拦可以改变 Excel 窗口的位置，双击标题栏，可放大 Excel 应用程序窗口到最大化或还原到最大化之前的大小。

（2）选项卡

各选项卡均含有选项组，用它们可以进行绝大多数 Excel 操作。Excel 显示的选项卡有："开始"、"插入"、"页面布局"、"公式"、"数据"、"审阅"、"视图"和"文件"选项卡。

（3）选项组（组）

每个选项组包含许多命令按钮，每个命令按钮分别代表不同的常用操作命令，利用它们可方便、快捷地完成某些常用操作。Excel 含有许多选项组，它们不一定全部显示在窗口中，当选择不同选项卡就会显示出不同的选项组。

（4）数据编辑区和名称框

数据编辑区用来输入或编辑当前单元格的值或公式，该区的左侧为名称框，它显示当前单元格（或区域）的地址或名称，在编辑公式时，显示的是公式名称。数据编辑区和名称框之间在编辑时有 3 个命令按钮 ✗ ✓ *fx*。单击"取消"按钮 ✗，即撤销编辑内容；单击"输入"按钮 ☑，即确认编辑内容；单击"插入函数"按钮 *fx*，则编辑计算公式。

（5）状态栏

状态栏位于窗口的底部，用于显示当前窗口操作命令或工作状态的有关信息以及缩放级别。如，在为单元格输入数据时，状态栏显示"输入"信息，完成输入后，状态栏显示"就绪"信息。

（6）工作簿窗口

如图 4-1 所示，在 Excel 窗口中还有一个小窗口，称为工作簿窗口，有功能区最小化按钮、最小化和最大化按钮、关闭窗口按钮。工作簿窗口下方左侧是当前工作簿的工作表标签，每个标签显示工作表名称，其中一个高亮标签（其工作表名称有下划线）是当前正在编辑的工作表。单击工作簿窗口的最大化按钮，工作簿窗口将与 Excel 窗口合二为一，这样可以增大工作表的空间，原工作簿窗口的标题将合并到 Excel 窗口的标题栏。最大（小）化按钮及关闭按钮出现在 Excel 窗口的菜单栏右侧，而且最大化按钮变成还原按钮，此时若单击它可恢复原样。

2．工作簿、工作表和单元格

（1）工作簿

工作簿是一个 Excel 文件，其中可以含有一个或多个表格（称为工作表）。它像一文件夹，把相关的表格或图表存在一起，便于处理。启动 Excel 会自动新建一个名为"工作簿 1"的工作簿，一个工作簿最多可以含有 255 个工作表，一个新工作簿默认有 3 个工作表，分别命名为 Sheetl、Sheet2 和 Sheet3。改变新建工作簿时默认工作表数的方法是：选择"文件"选项卡，单击"选项/常规"，弹出的"使用 Excel 时采用的常规选项"对话框，在"新建工作簿时/包含的工作表数"输入框中，输入添加的默认工作表数。

在工作簿中，工作表名字可以修改，工作表的个数也可以增减。工作表像一个表格，由含有数据的行和列组成。在工作簿窗口中单击某个工作表标签，则该工作表就会成为当前工作表，可以对它进行编辑。若工作表较多，在工作表标签行显示不下时，可利用工作表窗口左下角的标签滚动按钮来滚动显示各工作表名称。单击标签滚动按钮使所需工作表出现在工作表标签行，单击它，使之成为当前工作表。

（2）工作表与单元格

工作表由单元格、行号、列标、工作表标签等组成。工作表中行列交汇处的区域称为单元格，它可以保存数值和文字等数据。

每个工作表具有一个标签，工作表标签是工作表的名字，单击工作表标签，该工作表即成为当前工作表。

（3）当前单元格

用鼠标单击一个单元格，该单元格被选定成为当前（活动）单元格。

3．启动 Excel

启动 Excel 应用程序，有以下两种方法：

（1）单击"开始/所有程序/Microsoft Office/Microsoft Excel"命令，则启动 Excel 并出现 Excel 窗口。

（2）双击桌面上 Excel 快捷方式图标 ⊠。

4．退出 Excel

退出 Excel 应用程序，有下列几种方法：

（1）单击标题栏最右边的"关闭"按钮 ⊠。

（2）单击"文件/退出"命令。

（3）单击标题栏左端 Excel 窗口的控制菜单按钮，并选择"关闭"命令。

（4）Alt+F4 键。

5.2　Excel 的基本操作

5.2.1　建立与保存工作簿

1．建立新工作簿

新建工作簿有以下几种方法：

（1）启动 Excel 系统自动新建名为"工作簿 1"的工作簿，用户可以在保存工作簿时重新命名。

（2）单击"自定义快速访问工具栏"下拉箭头 ，勾选"新建"，"新建"按钮被放置在"自定义快速访问工具栏"。方便操作者使用。

（3）选择"文件"选项卡，"新建"，单击"可用模板"中的"空白工作簿"，在右侧窗口单击"创建"。

2．保存工作簿

保存工作簿有以下几种方法：

（1）单击"文件/保存"命令。

（2）单击"自定义快速访问工具栏"的"保存"按钮。

也可以使用"另存为"保存工作簿：

选择"文件"选项卡，"另存为"，选定文件保存位置。在"另存为"对话框的"保存类型"列表中，选择"Excel 工作簿"，在"文件名"框中输入工作簿名称。单击"保存"。

5.2.2　输入和编辑工作表数据

1．输入数据

新工作簿默认有 3 个工作表，当前默认工作表是 sheet1。

（1）输入文本

文本数据可由汉字、字母、数字、特殊符号、空格等组合而成。文本数据的特点是可以进行字符串运算，不能进行算术运算（除数字串以外）。

在当前单元格输入文本后，按 Enter 键或移动光标到其他单元格或单击编辑栏的"√"按钮，即可完成该单元格的文本输入。

提示：

①如果输入的内容有数字或汉字或字符，或者它们的组合，例如输入"100 元"，默认为是文本数据。

②如果文本数据出现在公式中，文本数据须用英文的双引号括起来。

④如果文本长度超过单元格宽度，当右侧单元格为空时，超出部分延伸到右侧单元格，

当右侧单元格有内容时，超出部分隐藏。

（2）输入数值

数值数据一般由数字、+、－、(、)、小数点、￥、$、%、/、E、e 等组成。数值数据可以进行算术运算。当输入数值长度超过单元格宽度时，自动转换成科学表示法。

提示：

如果单元格中数字被"######"代替，说明单元格的宽度不够，增加单元格的宽度即可。

（3）输入日期和时间

在单元格中输入 Excel 可识别的日期或时间数据时，单元格的格式自动转换为相应的"日期"或"时间"格式，而不需要去设定该单元格为"日期"或"时间"格式。

（4）输入逻辑值

逻辑值数据有两个："TRUE"（真）和"FALSE"（假）。可以直接在单元格输入逻辑值"TRUE"或"FALSE"，也可以通过输入公式得到计算的结果为逻辑值。

（5）检查数据的有效性

使用数据有效性可以控制单元格可接受数据的类型和范围。

【例题 5-1】建立"人力资源情况表"，设置 A3:A8 单元格数据只接受 1000～9999 之间的整数，并设置显示信息"只可输入 1000-9999 之间的整数"。

具体操作步骤如下：

（1）建立"人力资源情况表"，并输入数据。

（2）选择"数据/数据工具"，单击"数据有效性"按钮 ![按钮] 打开"数据有效性"对话框，单击"设置"标签，在"设置"选项卡中输入"有效性条件"各项，如图 5-2 所示。

（3）单击"输入信息"标签，在"输入信息"选项卡"输入信息"框中输入"只可输入 1000～9999 之间的整数"，选中"选定单元格时显示输入信息"复选框，单击"确定"按钮。

图 5-2　"数据有效性"对话框

2．删除或修改单元格内容

1）删除单元格内容

有以下几种方法：

（1）选定要删除内容的单元格，按 Delete 键，可删除单元格内容。

（2）按住 Ctrl 键拖动鼠标选取要删除内容的单元格区域，按 Delete 键，可删除单元格区域内容。

（3）单击行或列的标题选取要删除内容的整行或整列，按 Delete 键，可删除整行或整列内容。

提示：

使用 Delete 键删除单元格内容时，只有数据从单元格中被删除，单元格的其他属性，如格式等仍然保留。想要删除单元格的内容和其他属性，可选择"开始/编辑"组，单击"清除"按钮 在弹出的下拉列表中选择"全部清除"或"清除格式"或"清除内容""清除批注"或"清除超链接"命令，如图 5-3 所示。

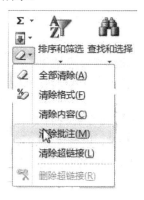

图 5-3 "清除"命令

2）修改单元格内容

有以下两种方法：

（1）单击单元格，输入数据后按 Enter 键即完成单元格内容的修改。

（2）单击单元格，然后单击编辑栏，在编辑区内修改或编辑内容。

3．移动或复制单元格内容

1）移动或复制单元格内容

具体操作步骤：

（1）选定需要被移动或复制的单元格区域。

（2）选择"开始/剪贴板"，单击"剪切"按钮 （或 "复制"按钮 ）。

（3）单击目标位置，选择"开始剪贴板"组，单击"粘贴"按钮 。

2）复制单元格中特定内容

具体操作步骤：

（1）选定需要被复制的单元格区域。

（2）选择"开始/剪贴板"，单击"复制"。

（3）单击目标位置，选择"开始/剪贴板"，单击"粘贴"下拉箭头，选择"选择性粘贴"。

（4）利用"选择性粘贴"对话框，如图 5-4 所示。也可复制单元格中特定内容。

4．自动填充单元格数据序列

1）利用填充柄填充数据序列

在工作表中选择一个单元格或单元格区域，在右下角会出现一个填充柄，当光标移动至填充柄时会出现"＋"形状填充柄，拖动"填充柄"，可以实现快速自动填充。

图 5-4　"选择性粘贴"对话框

【例题 5-2】在"课程表"工作表 C2:H2 单元格区域，利用填充柄填上"星期"信息："星期一、星期二、星期三、星期四、星期五、星期六"，在 A3:A6 单元格区域填上"节次"信息"1、2、3、4"。

具体操作步骤如下：

（1）在 C2 单元格内输入"星期一"，选定 C2 单元格为当前单元格，移动光标至 C2 单元格填充柄处，当出现"＋"形状填充柄时，拖动光标至 H2 单元格处，即可完成填充，如图 5-5 所示。

（2）在 A3 和 A4 单元格内分别输入数字"1"和"2"，选中 A3:A4 单元格区域，移动光标至 A4 单元格填充柄处，重复步骤（1）的动作，拖动光标至 A6 单元格处，即可完成填充，如图 5-6 所示。

	A	B	C	D	E	F	G	H
1	课程表							
2	节次	时间	星期一	星期二	星期三	星期四	星期五	星期六
3		8:00						
4								

图 5-5　自动填入星期数据

	A	B	C	D	E	F	G	H
1	课程表							
2	节次	时间	星期一	星期二	星期三	星期四	星期五	星期六
3	1	8:00						
4	2							
5	3							
6	4							

图 5-6　自动填入节次数据

2）利用"序列"对话框填充数据序列

利用对话框填充数据序列有两种方式：

（1）利用"序列"对话框填充数据序列，进行已定义序列的自动填充，包括数值、日期和文本等类型。

具体操作步骤如下：

①在需填充数据序列的单元格区域开始处第一个单元格输入序列的第一个数值（等比或等差数列）值或文字（文本序列）

②选定这个单元格或单元格区域。

③选择"开始/编辑"，单击"填充/系列"，在弹出的"序列"对话框，按照所需设置各选项。

（2）利用"自定义序列"对话框填充数据序列，可自己定义要填充的序列。

具体操作步骤如下：

①选择"文件"选项卡，单击"选项/高级/常规"中"编辑自定义列表"按钮。

②打开"自定义序列"对话框，在右侧"输入序列"下输入用户自定义的数据序列，单击"添加"和"确定"按钮即可；或利用"从单元格中导入序列"后的折叠按钮 ，选中工作表中已定义的数据序列，按"导入"按钮即可。

【例题 5-3】在"课程表"工作表中利用"序列"对话框按等差数列填入时间序列，步长值为"0:50"，终止值为"10:30"；利用"自定义序列"定义"数学、语文、物理、英语"，再利用"序列"对话框填入 C3:C6 单元格区域。

具体操作步骤如下：

（1）在 B3 单元格填入"8:00"并选中 B3:B6 单元格区域，选择"开始/编辑"，单击"填充/系列"，打开"序列"对话框，如图 5-7 所示。

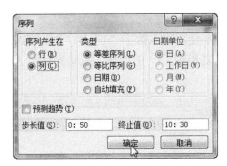

图 5-7　"序列"对话框

（2）在"序列产生在"选项组中选择"列"单选框，在"类型"选项组中选择"等差数列"单选框，"步长值"框中填"0:50"，"终止值"框中填"10:30"。

（3）单击"确定"按钮即完成填充，如图 5-8 所示。

	A	B	C	D	E	F	G	H
1	课程表							
2	节次	时间	星期一	星期二	星期三	星期四	星期五	星期六
3	1	8:00						
4	2	8:50						
5	3	9:40						
6	4	10:30						

图 5-8　自动填充时间信息

（4）选择"文件"选项卡，单击"选项/高级/常规"中"编辑自定义列表"按钮，打开"自定义序列"对话框，在"输入序列"框下输入"数学、语文、物理、英语"，单击"添加"按钮，如图 5-9 所示。

图 5-9 "自定义序列"选项卡

（5）在 C3 单元格内输入"数学"，在 C3:C6 单元格区域，拖动填充柄完成自动填充。如图 5-10 所示。

	A	B	C	D	E	F	G	H
1	课程表							
2	节次	时间	星期一	星期二	星期三	星期四	星期五	星期六
3	1	8:00	数学					
4	2	8:50	语文					
5	3	9:40	物理					
6	4	10:30	英语					

图 5-10 自动填充自定义序列

5.2.3 使用工作表和单元格

1．使用工作表

1）选定工作表

操作前需选定工作表，可以选定一个或多个工作表。

（1）选定一个工作表：单击工作表的标签，选定该工作表，该工作表成为当前活动工作表。

（2）选定相邻的多个工作表：单击第一个工作表的标签，按 Shift 键的同时单击最后一个工作表的标签。

（3）选定不相邻的多个工作表：按 Ctrl 键的同时单击要选定的工作表标签。

（4）选定全部工作表：鼠标右键单击工作表标签，在快捷菜单中选择"选定全部工作表"命令。

2）插入新工作表

具体操作步骤：

①选定一个或多个工作表标签。

②选择"开始/单元格"，单击"插入/插入工作表"。

3）删除工作表

具体操作步骤：

①选定一个或多个要删除的工作表。

②选择"开始/单元格"，单击"删除/删除工作表"。

4）重命名工作表

双击工作表标签，输入新的名字即可。

5）移动或复制工作表

具体操作步骤：

①在当前工作簿选定要"复制或移动"的一个或多个"工作表标签"。

②选择"开始/编辑"，单击"单元格/格式/移动或复制工作表"（或鼠标右键单击选定的工作表标签，在弹出菜单中选择"移动或复制工作表"命令），弹出"移动或复制工作表"对话框，如图 5-11 所示。

图 5-11　"移动或复制工作表"对话框

③在"工作簿"下拉列表框中选择要复制或移动到的目标工作簿。

④在"下列选定工作表之前"下拉列表框中选择要插入的位置。

⑤如果移动工作表，清除"建立副本"复选框；如果复制工作表，选中"建立副本"复选框，单击"确定"按钮即可完成将选定的工作表移动或复制到目标工作簿。

6）拆分和冻结工作表窗口

（1）拆分窗口

具体操作步骤：

①鼠标单击要拆分的行或列的位置。

②选择"视图/窗口"组，单击"拆分"按钮，一个窗口被拆分为四个窗格。如图 5-12 所示。

	A	B	C	D	G	H	I	J
1	学号	姓名	班级	数据库原理	数据结构	计算机网络	软件工程	平均成绩
2	013007	陈松	3班	94	91	81	90	87.83
3	013003	张磊	3班	68	67	73	69	69.83
4	011023	张磊	1班	67	68	78	65	70.17
5	012011	王春晓	2班	95	93	87	78	86.33
6	011027	张在旭	1班	50	56	69	80	67.33
7	013011	王文辉	3班	82	87	84	80	82.83
8	012017	张平	2班	80	80	78	50	69.33
9	013010	李英	3班	76	76	51	75	67.33
10	011028	金翔	1班	91	91	89	77	83.33
11	011020	任海东	1班	69	69	90	71	73.00
20	012014	张雨涵	2班	87	87	54	82	74.33
21	011025	王力	1班	89	89	90	63	80.67
22	013008	张雨涵	3班	78	78	83	82	80.50
23	013004	王力	3班	75	75	65	67	69.00
24	012012	陈松	2班	73	73	65	70	70.33
25	013006	扬海东	3班	86	86	67	73	74.67
26	012019	黄红	2班	71	71	76	68	71.67
27	012015	魏民	2班	63	63	82	89	78.00
28	013009	高晓东	3班	66	66	77	69	70.67
29	011026	孙英	1班	66	66	82	52	66.67
30	012018	李英	2班	77	77	66	91	78.00

计算机专业成绩单

图 5-12　拆分后的窗口示例

（2）取消拆分

具体操作步骤：选择"视图/窗口"，单击"拆分"按钮 ▦ 。

（3）冻结窗口

具体操作步骤：

①选定要在滚动时保持可见的行下方的行（或列右侧的列）。

②选择"视图"选项卡，"窗口"组，单击"冻结窗格/冻结拆分窗格"按钮。

如选定第二行，冻结第一行；选定第三行，冻结前两行；选定第二列，冻结第一列。图 5-13 为冻结第一行和第一列后的工作表。

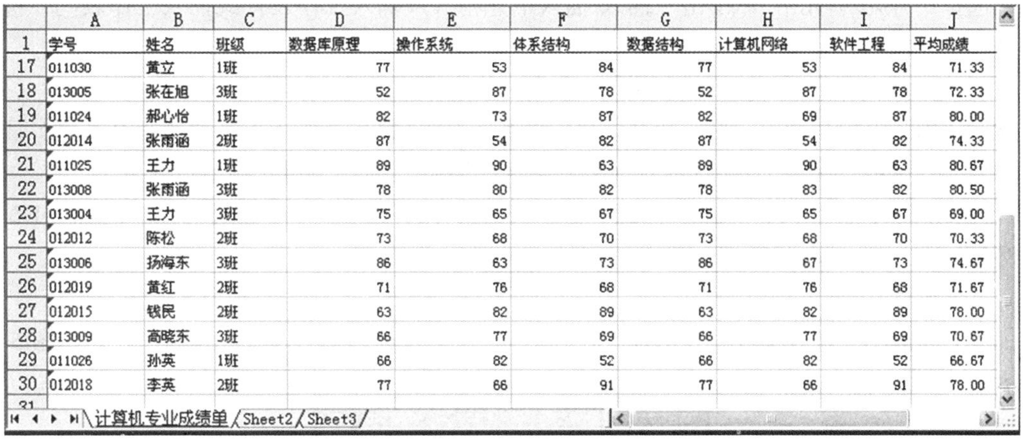

	A	B	C	D	E	F	G	H	I	J
1	学号	姓名	班级	数据库原理	操作系统	体系结构	数据结构	计算机网络	软件工程	平均成绩
17	011030	黄立	1班	77	53	84	77	53	84	71.33
18	013005	张在旭	3班	52	87	78	52	87	78	72.33
19	011024	郝心怡	1班	82	73	87	82	69	87	80.00
20	012014	张雨涵	2班	87	54	82	87	54	82	74.33
21	011025	王力	1班	89	90	63	89	90	63	80.67
22	013008	张雨涵	3班	78	80	82	78	83	82	80.50
23	013004	王力	3班	75	65	67	75	65	67	69.00
24	012012	陈松	2班	73	68	70	73	68	70	70.33
25	013006	扬海东	3班	86	63	73	86	67	73	74.67
26	012019	黄红	2班	71	76	68	71	76	68	71.67
27	012015	钱民	2班	63	82	89	63	82	89	78.00
28	013009	高晓东	3班	66	77	69	66	77	69	70.67
29	011026	孙英	1班	66	82	52	66	82	52	66.67
30	012018	李英	2班	77	66	91	77	66	91	78.00

计算机专业成绩单 / Sheet2 / Sheet3 /

图 5-13 冻结窗口后的工作表示例

（4）撤销冻结

具体操作步骤：选择"视图/窗口"组，单击"冻结窗格/取消冻结窗格"按钮。

7）设置工作表标签颜色

具体操作步骤：鼠标右键单击工作表标签，在弹出快捷菜单中选择"工作表标签颜色"。

2．使用单元格

1）选定单元格，有以下两种方法

（1）鼠标指针移至需选定的单元格上，单击鼠标左键，该单元格即被选定为当前单元格。

（2）选择"开始/编辑"，单击"查找/转到"按钮弹出"定位"对话框，在"引用位置"文本框中输入要选定的单元格地址。

2）选定一个单元格区域

（1）鼠标左键单击要选定单元格区域左上角的单元格，按住鼠标左键并拖动鼠标到区域的右下角单元格，然后放开鼠标左键即选中单元格区域，单元格区域用该区域左上角单元格地址和右下角单元格地址表示，中间以"："分隔。

（2）单击该区域中左上角的单元格，然后在按住 Shift 的同时单击该区域中左下角的单元格。您可以使用滚动功能显示最后一个单元格。

在工作表中单击任一单元格即可取消选择。

3）选定不相邻的单元格区域

单击并拖动鼠标选定第一个单元格区域之后按住 Ctrl 键，使用鼠标选定其他单元格区域即可。

单击工作表行标题可以选中整行；单击工作表列表题可以选中整列；单击工作表全选按钮██可以选中整个工作表。单击工作表行号或列标，并拖动行号或列标可以选中相邻的行或列；单击工作表行标题或列表题，按住 Ctrl 键，再单击工作表其他行标题或列表题，可以选中不相邻的行或列。

4）插入行、列与单元格

具体操作步骤：

选择"开始/单元格"，单击"插入/插入单元格（或插入工作表行或插入工作表列）"按钮可进行单元格（或行或列）的插入。

要插入单一行（列），请选择要在其上方（要在紧靠其右侧）插入新行（列）的行（列）或该行（列）中的一个单元格。要插入多行（列），请选择要在其上方（要紧靠其右侧）插入行（列）的那些行（列）。所选的行（列）数应与要插入的行（列）数相同。

【例题 5-4】在"人力资源情况表"工作表的第 4 行和第 5 行前插入两行，之后在 D6 单元格处插入一单元格，D6 单元格内容右移。

具体操作步骤：

（1）选择第 4 行和第 5 行，选择"开始/单元格"，单击"插入/插入工作表行"，如图 5-14 所示。

	A	B	C	D	E
1	人力资源情况表				
2	职工号	出生年月	部门	职称	基本工资
3	2012	1980-1-18	工程部	工程师	5000
4					
5	只可输入1000－5000之间的整数				
6		6	销售部	高工	8600
7		9	开发部	工程师	6100

图 5-14　插入行后的工作表

（2）选定 D6 单元格，使其成为当前单元格，选择"开始/单元格"，单击"插入/插入单元格"按钮，弹出"插入"对话框，如图 5-15 所示，在"插入"对话框中选中"活动单元格下移"单选框，单击"确定"按钮，即可完成在 D6 单元格处插入单元格，如图 5-16 所示。

插入

插入
○ 活动单元格右移(I)
◉ 活动单元格下移(D)
○ 整行(R)
○ 整列(C)

　确定　　取消　

图 5-15　"插入"对话框

	A	B	C	D	E
1	人力资源情况表				
2	职工号	出生年月	部门	职称	基本工资
3	2012	1980-1-18	工程部	工程师	5000
4					
5					
6	3035	1976-6-26	销售部		8600
7	2049	1976-6-19	开发部	高工	6100
8				工程师	

图 5-16　插入单元格后的工作表

5）删除行、列与单元格

具体操作步骤：

①选定要删除的行、列或单元格。

②选择"开始"选项卡中的"单元格"组，单击"删除/删除单元格"按钮。

③在弹出的"删除对话框"单击"右侧单元格左移"或"下方单元格上移"单选框可删除当前单元格；单击"整行"单选框可删除当前行；单击"整列"单选框可删除当前列。选定要删除的行、列或单元格，按 Delete 键，将仅删除单元格、行或列中的内容，空白单元格、行或列仍保留在工作表中。

6）命名单元格

【例题 5-5】为"人力资源情况表"工作表的 A1 单元格命名为"标题"。

具体操作步骤：

（1）选定 A1 单元格为当前单元格。

（2）在"编辑栏"左侧的"名称"框中输入"标题"。

（3）按 Enter 键即可完成命名，如图 5-17 所示。

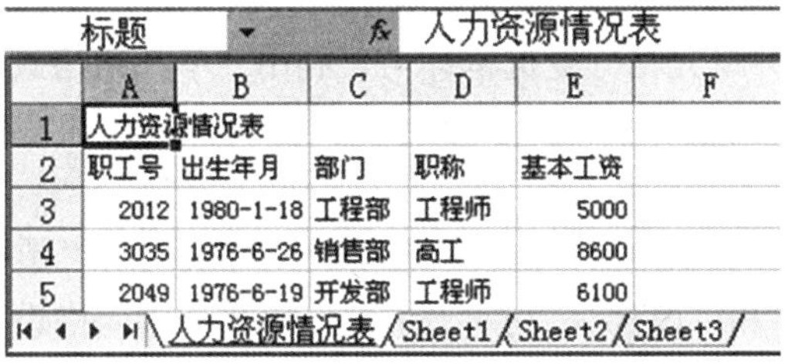

标题	▼	f_x	人力资源情况表		
	A	B	C	D	E	F
1	人力资源情况表					
2	职工号	出生年月	部门	职称	基本工资	
3	2012	1980-1-18	工程部	工程师	5000	
4	3035	1976-6-26	销售部	高工	8600	
5	2049	1976-6-19	开发部	工程师	6100	

|◀ ◀ ▶ ▶|\人力资源情况表 /Sheet1 /Sheet2 /Sheet3 /

图 5-17 命名 A1 单元格

7）批注

（1）添加批注

具体操作步骤：

①选定要加批注的单元格，选择"审阅/批注"，单击"新建批注"按钮 🔲。

②在弹出的批注框中输入批注文字。

③单击批注框外部的工作表区域即可退出。

（2）编辑／删除批注

具体操作步骤：

①选定有批注的单元格。

②选择"审阅"选项卡中的"批注"组，单击"编辑批注"按钮 🔲／"删除批注"按钮 🔲即可对批注信息进行编辑或删除。

5.3 格式化工作表

5.3.1 设置单元格格式

1．设置数字格式

利用"单元格格式"对话框中"数字"选项卡，可以改变数字（包括日期）在单元格中的显示形式，但是不改变在编辑区的显示形式。数字格式的分类主要有：常规、数值、分数、日期、时间、货币、会计专用、百分比、科学记数、特殊和自定义等。默认情况下，数字格式是"常规"格式。

2．设置对齐方式和字体

利用"单元格格式"对话框中"对齐"选项卡，可以设置单元格中内容的水平对齐、垂直对齐和文本方向，还可以完成对文本的控制。相邻单元格的合并，合并后只有选定区域左上角的内容放到合并后的单元格中。如果要取消合并单元格，则选定已合并的单元格，清除"对齐"选项卡中的"合并单元格"复选框即可。利用"单元格格式"对话框中"字体"选项卡，可以设置单元格内容的字体、字形、字号、颜色、下划线和特殊效果等。

3．设置单元格边框

利用"单元格格式"对话框中"边框"选项卡，可以利用"预置"选项组为单元格或单元格区域设置"外边框"和"内部"；利用"边框"样式为单元格设置上边框、下边框、左边框、右边框和斜线等；还可以设置边框的线条样式和颜色。如果要取消已设置的边框，选择"预置"选项组中的"无"即可。

4．设置单元格的填充

利用"单元格格式"对话框中"填充"选项卡，可以设置突出显示某些单元格或单元格区域，为这些单元格添加背景色、填充效果和图案样式。

【例题 5-6】现有工作表中的"销售数量统计表"，如图 5-18 所示。设置如下单元格格式：合并 A1:E1 单元格区域且内容水平居中，合并 A7:C7 单元格区域且内容靠右；A3:A6 单元格区域设置图案为 6.25%灰色的单元格底纹；E3:E6 单元格区域设置数字分类为百分比，保留小数点后两位；A1:E7 单元格区域设置样式为黑色细单实线的内部和外部边框。

	A	B	C	D	E
1	销售数量统计表				
2	产品型号	销售量	单价(元)	总销售额(元)	百分比
3	A11	267	33.23	8872.41	0.2107862
4	A12	273	33.75	9213.75	0.2188956
5	A13	271	45.67	12376.57	0.2940363
6	A14	257	45.25	11629.25	0.2762818
7	总计			42091.98	

图 5-18 待设置格式的"销售数量统计表"

具体操作步骤：

（1）选定 A1:E1 单元格区域，选择"开始"选项卡中的"单元格"组，单击"格式/设置单元格格式"，在"对齐"选项卡"水平对齐"方式选择"居中"，"文本控制"选择"合并单元格"，单击"确定"按钮；选定 A7:C7 单元格区域，选择"开始"选项卡中的"单元格"组，单击"格式/设置单元格格式"，在"对齐"选项卡"水平对齐"方式选择"靠右"，"文本控制"选择"合并单元格"，单击"确定"按钮。

（2）选定 A3:A6 单元格区域，选择"开始"选项卡中的"单元格"组，单击"格式/设置单元格格式"，在"填充"选项卡选择"图案颜色"为"自动"，"图案"为"6.25%灰色"，单击"确定"按钮。

（3）选定 E3:E6 单元格区域，选择"开始"选项卡中的"单元格"组，单击"格式/设置单元格格式"，在"数字"选项卡选择"分类/百分比"，"小数位数"为"2"，单击"确定"按钮。

（4）选定 A1:E7 单元格区域，选择"开始"选项卡中的"单元格"组，单击"格式/设置单元格格式"，在"边框"选项卡中预置"外边框"和"内部"，"线条"样式为细单实线，颜色为自动，单击"确定"按钮。

格式设置后的工作表如图 5-19 所示。

	A	B	C	D	E
1	销售数量统计表				
2	产品型号	销售量	单价(元)	总销售额(元)	百分比
3	A11	267	33.23	8872.41	21.08%
4	A12	273	33.75	9213.75	21.89%
5	A13	271	45.67	12376.57	29.40%
6	A14	257	45.25	11629.25	27.63%
7	总计			42092.0	

图 5-19 设置格式后的"销售数量统计表"

5.3.2 设置列宽和行高

1. 设置列宽

使用"列宽"命令精确设置列宽的具体操作步骤：

（1）选定需要调整列宽的区域。

（2）选择"开始/单元格"，单击"格式/列宽"，利用弹出的"列宽"对话框可精确设置列宽。

2. 设置行高

使用"行高"命令精确设置行高的具体操作步骤：

（1）选定需要调整行高的区域。

（2）选择"开始"选项卡中的"单元格"组，单击"格式/行高"，利用弹出的"行高"对话框可精确设置行高。

5.3.3 设置条件格式

条件格式可以对含有数值或其他内容的单元格，或者含有公式的单元格应用某种条件来决定数值的显示格式。条件格式的设置是选择"开始"选项卡中的"样式"组，单击"条件格式/其他规则"命令完成的。

【例题5-7】对例题 4-6 所设置的"销售数量统计表"设置条件格式：将 D3:D6 单元格区域数值大于或等于 10000 的字体设置成"绿色"。

具体操作步骤：

（1）选定 D3:D6 单元格区域，选择"开始/样式"，单击"条件格式/新建格式规则"。

（2）在弹出的"新建格式规则"对话框"编辑规则说明"中"只为满足以下条件的单元格设置格式"依次选择"单元格值"、"大于或等于"和键入"10000"。如图 5-20 所示。

图 5-20　"新建格式规则"对话框

（3）单击"格式按钮"，打开"设置单元格格式"对话框"字体"选项卡，在"颜色"下拉列表选择"绿色"，单击"确定"。结果如图 5-21 所示。

	A	B	C	D	E
1	销售数量统计表				
2	产品型号	销售量	单价(元)	总销售额(元)	百分比
3	A11	267	33.23	8872.41	21.08%
4	A12	273	33.75	9213.75	21.89%
5	A13	271	45.67	12376.57	29.40%
6	A14	257	45.25	11629.25	27.63%
7			总计	42092.0	

图 5-21　设置"条件格式"后的数据表

5.3.4 使用样式

样式是单元格字体、字号、对齐、边框和图案等一个或多个设置特性的组合。应用样式即应用样式名的所有格式设置。

【例题5-8】对例题 5-7 所设置的"销售数量统计表",利用"样式"对话框自定义"表标题"样式,包括:"数字"为通用格式,"对齐"为水平居中和垂直居中,"字体"为华文彩云"字号"为 11,"边框"为左、右、上、下边框,"填充"为浅绿色底纹,设置合并后的 A1:E1 单元格区域"表标题"样式;利用"货币"样式设置 C3:D7 单元格区域的数值。

具体操作步骤:

(1)选定 A1:E1 单元格区域,选择"开始/样式",单击"其他"下拉按钮 ▾。单击"新建单元格样式",弹出"样式"对话框,如图 5-22 所示。

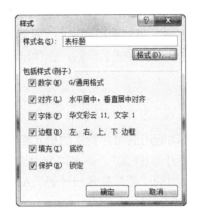

图 5-22 利用"样式"对话框设置样式

(2)在"样式"对话框的"样式名"栏内输入"表标题",单击"格式"按钮,弹出"设置单元格格式"对话框,如图 5-23 所示。

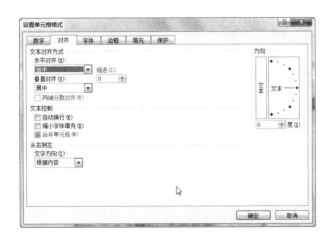

图 5-23 "设置单元格格式"对话框

(3)在"单元格格式"对话框中完成"数字"、"对齐"、"字体"、"边框"、"填充"的设置,单击"确定"按钮。

(4)选定 C3:D7 单元格区域,选择"开始/样式",单击"单元格样式"下拉按钮 ▾。在"数字格式"单击"货币",单击"确定"按钮,结果如图 5-24 所示。

	A	B	C	D	E
1			销售数量统计表		
2	产品型号	销售量	单价(元)	总销售额(元)	百分比
3	A11	267	¥33.23	¥8,872.41	21.08%
4	A12	273	¥33.75	¥9,213.75	21.89%
5	A13	271	¥45.67	¥12,376.57	29.40%
6	A14	257	¥45.25	¥11,629.25	27.63%
7			总计	¥42,092.0	

图 5-24 设置"表标题"和"货币"样式后的数据表

选择"开始/样式",单击"单元格样式"下拉按钮 ▾ 可以使用"套用表格格式"或已自定义定义的样式,单击"格式"按钮,可以利用弹出的"设置单元格格式"对话框修改样式。如果要删除已定义的样式,右键单击"样式名"后,在弹出的快捷菜单选择"删除"即可。

5.3.5 套用表格格式

把 Excel 提供的显示格式自动套用到用户指定的单元格区域,可以使表格更加美观,易于浏览。自动套用格式是选择"开始/样式",单击"套用表格格式"完成的。

【例题 5-9】对例题 5-8 所设置的"销售数量统计表"A2:E7 单元格区域,设置"套用表格格式"的"表样式浅色 2"格式。

具体操作步骤:

(1)选定 A2:E7 单元格区域,选择"开始/样式",单击"套用表格格式"下拉箭头,选择"表样式浅色 2",弹出"套用表格式"对话框,如图 5-25 所示。

(2)在弹出的"套用表格式",确认"表的数据来源"为所需区域,选择"表包含标题"复选框单击"确定"按钮,结果如图 5-26 所示。

图 5-25 "套用表格式"对话框

	A	B	C	D	E
1			销售数量统计表		
2	产品型号 ▾	销售量 ▾	单价(元)▾	总销售额(元)▾	百分比 ▾
3	A11	267	¥ 33.23	¥ 8,872.41	21.08%
4	A12	273	¥ 33.75	¥ 9,213.75	21.89%
5	A13	271	¥ 45.67	¥ 12,376.57	29.40%
6	A14	257	¥ 45.25	¥ 11,629.25	27.63%
7		总计		¥ 42,091.98	

图 5-26 设置自动套用格式"表样式浅色 2"格式后的数据表

5.3.6 使用模板

模板是含有特定格式的工作簿，其工作表结构也已经设置。当要建立与之相同格式的工作簿时，直接调用该模板，可以快速建立所需的工作簿。

用户可以使用本机上的模板创建工作簿，具体操作步骤：

①选择"文件"选项卡，单击"新建"。

②在"可用模板"窗格中，选择"样本模板"，在下拉列表中选择提供的模板。

③单击右窗格"创建"。

5.4 公式与函数

5.4.1 自动计算

利用工具栏的自动求和按钮 **Σ** 或在状态栏上单击鼠标右键，无须公式即可自动计算一组数据的累加和、平均值、统计个数、求最大值和最小值等。

【例题 5-10】对"销售单"工作表中的数据进行自动计算。计算 1：计算 A001 型号产品三个月的销售总和（置 E3 单元格）；计算 2：计算 A001、A002、A003、A004 四个型号产品各自三个月的销售总和（置 E3:E6 单元格区域）以及每个月四个型号产品销售的合计（置 B7:E7 单元格）；计算 3：计算一月份和三月份四种产品销售的平均数量（置 F7 单元格）。

具体操作步骤：

计算 1：

（1）选定 B3:E3 单元格区域。

（2）选择"开始/编辑"，单击"套用表格格式"单击 **Σ** ﹀ 按钮右侧的向下箭头，单击"求和"，计算结果显示在 E3 单元格，如图 5-27 所示，此时，单击 E3 单元格，编辑栏显示：=SUM（B3:D3）。

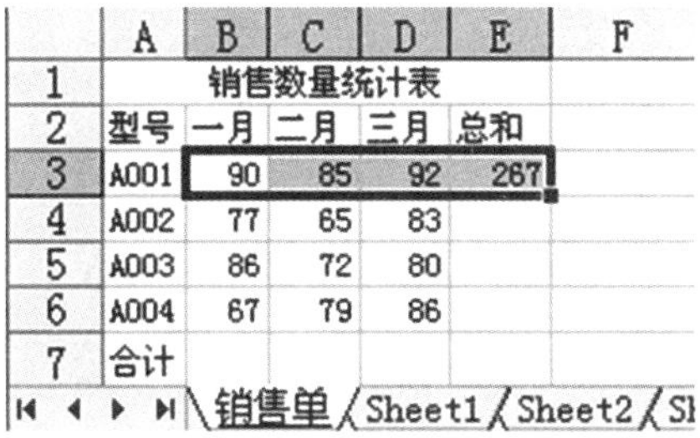

	A	B	C	D	E	F
1		销售数量统计表				
2	型号	一月	二月	三月	总和	
3	A001	90	85	92	267	
4	A002	77	65	83		
5	A003	86	72	80		
6	A004	67	79	86		
7	合计					

图 5-27 单元格区域自动计算 1

计算 2：

（1）选定 B3:E7 单元格区域。

（2）选择"开始/编辑"，单击"套用表格格式"单击 **Σ ▾** 按钮右侧的向下箭头，单击"求和"，计算结果显示在 E3:E6 单元格区域和 B7:E7 单元格，如图 5-28 所示，此时，单击 E3:E6 和 B7:E7 区域任一单元格，数据编辑区均有求和公式显示。

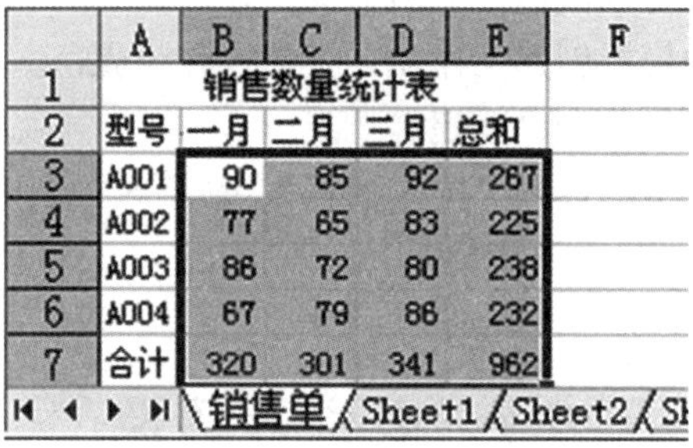

图 5-28　单元格区域自动计算 2

计算 3：

（1）选定 F7 单元格。

（2）选择"开始/编辑"，单击 **Σ ▾** 按钮右侧的向下箭头，选择"平均值"命令，此时，F7 单元格有公式出现，选定 B3:B6 区域，按住 Ctrl 键，再选定 D3:D6 单元格区域，如图 5-29 所示，单击 Enter 键，结果显示在 F7 单元格内，结果如图 5-30 所示。

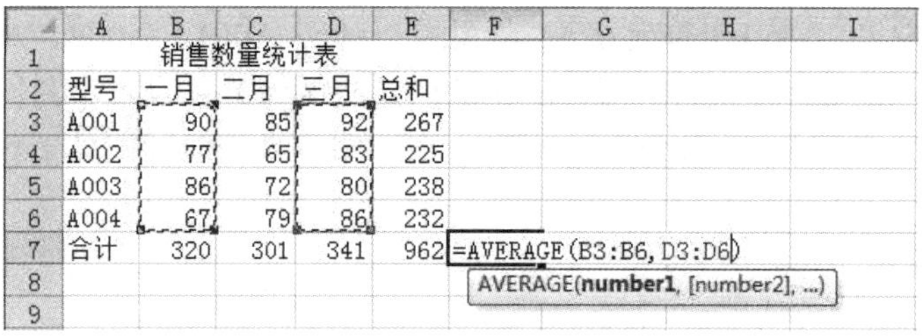

图 5-29　单元格区域自动计算 3

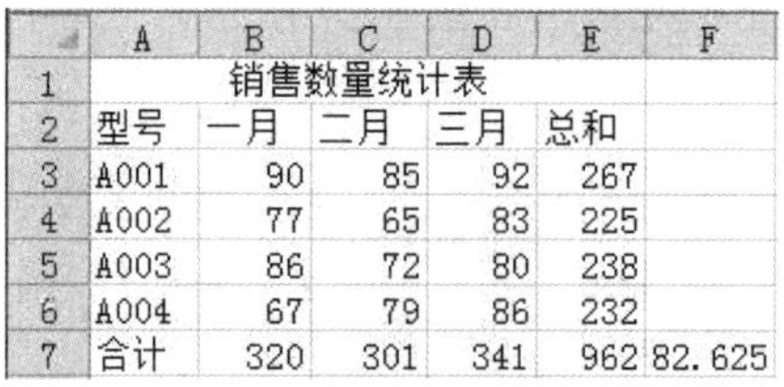

图 5-30　单元格区域自动计算 3

5.4.2　输入公式

Excel 可以使用公式对工作表中的数据进行各种计算，如算术运算、关系运算和字符串运算等。

1．公式的形式

公式的一般形式为：＝<表达式>

表达式可以是算术表达式、关系表达式和字符串表达式等；表达式可由运算符、常量、单元格地址、函数及括号等组成，但不能含有空格；公式中<表达式>前面必须有"＝"号。

2．运算符

用运算符将常量、单元格地址、函数及括号等连接起来组成了表达式。常用运算符有算术运算符、字符运算符和关系运算符三类。运算符具有优先级，表 5-1 按运算符优先级从高到低列出各运算符及其功能。

表 5-1 常用运算符

运算符	功能	举例
－	负号	－3，－A1
%	百分数	5%
^	乘方	5^2（即 5^2）
*,/	乘，除	5*3，5/3
+,－	加，减	7+2，7-2
&	字符串连接	"China"&"2013"（即 China2013）
=,<>	等于，不等于	5=4 的值为假，5<>3 的值为真
>,>=	大于，大于等于	5>4 的值为真
<,<=	小于，小于等于	5<4 的值为假，5<=3 的值为假

3．公式的输入

选定要放置计算结果的单元格后，公式的输入可以在数据编辑区中进行，也可以双击该单元格在单元格中进行。在数据编辑区输入公式时，单元格地址可以通过键盘输入，也可以直接单击该单元格，单元格地址即自动显示在数据编辑区。输入后的公式可以进行编辑和修改，还可以将公式复制到其他单元格。公式计算通常需要引用单元格或单元格区域的内容，这种引用是通过使用单元格的地址来实现的。

【例题 5-11】利用公式计算"销售单"工作表中各型号产品三个月销售的平均数量，置 F3:F6 单元格区域（数值型，保留小数点位数为"0"）。

具体操作步骤：

（1）选定 F3 单元格，在数据编辑区输入公式："=(B3+C3+D3)/3"，单击工作表任意位置或按 Enter 键，结果显示在 F3 单元格内。

（2）用鼠标拖动 F3 单元格的自动填充柄至 F6 单元格，放开鼠标，计算结果显示在 F3:F6 单元格区域。

（3）选择"开始/数字"，单击"数字格式"下拉箭头，选择"其他数字格式"，在弹出的"设置单元格格式"对话框选择"数值"，"小数位数"输入"0"。单击确定。结果如图 5-31 所示。

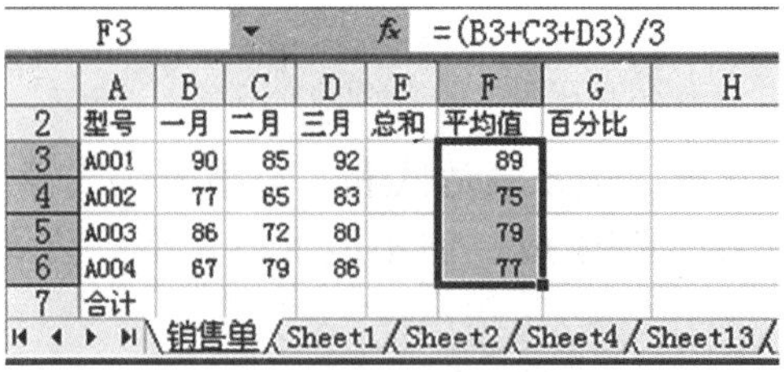

图 5-31 利用公式计算平均值

5.4.3 复制公式

1. 公式复制的方法

方法 1：选定含有公式的被复制公式单元格，单击鼠标右键，在弹出的菜单中选择"复制"命令，鼠标移至复制目标单元格，单击鼠标右键，在弹出的菜单中选择"粘贴"或"粘贴公式"（选中复制公式）命令，即可完成公式复制。

方法 2：选定含有公式的被复制公式单元格，拖动单元格的自动填充柄，可完成相邻单元格公式的复制。

2. 单元格地址的引用

Excel 中单元格的地址分相对地址、绝对地址、混合地址三种。根据计算的要求，在公式中会出现相对地址、绝对地址和混合地址以及它们的混合使用。

（1）相对地址

相对地址的形式为：D3、A8 等。表示在单元格中当含有相对地址的公式被复制到目标单元格时，公式不是照搬原来单元格的内容，而是根据公式原来位置和复制到的目标位置推算出公式中单元格地址相对原位置的变化，使用变化后的单元格地址的内容进行计算。

例如：在 Sheet1 工作表 D1 单元格有公式"=(A1+B1+C1)/3"，如图 5-32 所示；当将公式复制到 D2 单元格时，公式变为："=(A2+B2+C2)/3"，如图 5-33 所示。而当将公式复制到 E3 单元格时，公式将变为："=(B3+C3+D3)/3"，原因是当 D1 单元格公式"=(A1+B1+C1)/3"复制到 D2 单元格时，列号不变，行号加 1，因此，D2 单元格的公式为："=(A2+B2+C2)/3"；而当 D1 单元格公式"=(A1+B1+C1)/3"复制到 E3 单元格时，列号加 1，行号加 2，因此，E3 单元格的公式为："=(B3+C3+D3)/3"。

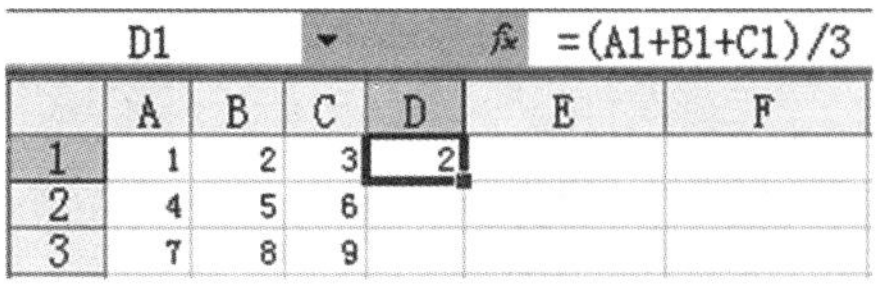

图 5-32 相对地址在公式中的使用

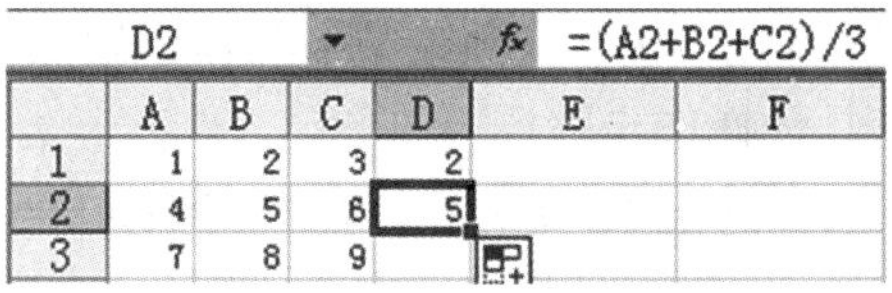

图 5-33 复制含相对地址的公式

（2）绝对地址

绝对地址的形式为：$D$3、$A$8 等。表示在单元格中当含有绝对地址的公式无论被复制到哪个单元格，公式永远是照搬原来单元格的内容。例如：D1 单元格中公式"=($A$1+$B$1+$C$1)/3"，复制到 E3 单元格公式仍然为"=($A$1+$B$1+$C$1)/3"，公式中单元格引用地址也不变。

（3）混合地址

混合地址的形式为：D$3、$A8 等，表示在单元格中当含有混合地址的公式被复制到目标单元格时，相对部分会根据公式原来位置和复制到的目标位置推算出公式中单元格地址相对原位置的变化，而绝对部分地址永远不变，之后，使用变化后的单元格地址的内容进行计算。如：D1 单元格中公式"=（$A1+B$1+C1）/3"，复制到 E3 单元格，公式为"=($A3+C$1+D3)/3"。

（4）跨工作表的单元格地址引用

单元格地址的一般形式为：[工作簿文件名]工作表名!单元格地址

在引用当前工作簿的各工作表单元格地址时，当前"[工作簿文件名]"可以省略，引用当前工作表单元格的地址时"工作表名!"可以省略。例如，单元格 F4 中的公式为："=(C4+D4+E4)*Sheet2!Bl"，其中"Sheet2!Bl"表示当前工作簿 Sheet2 工作表中的 Bl 单元格地址，而 C4 表示当前工作表 C4 单元格地址。

用户可以引用当前工作簿另一工作表的单元格，也可以引用同一工作簿中多个工作表的单元格。例如"=SUM([Book1.xls]Sheet2:Sheet4!$A$5)"表示 Book1 工作簿的 Sheet2 到 Sheet4 共 3 个工作表的 A5 单元格内容求和。这种引用同一工作簿中多个工作表上的相同单元格或单元格区域中数据的方法称为三维引用。

【例题 5-12】利用公式计算图 5-31"销售单"工作表中各型号产品三个月销售数量的总和以及每个月各型号产品销售数量的合计；计算每种产品销售数量占总销售数量的百分比并放在 G3:G6 单元格区域（总销售数量为 E7 单元格的值）。

具体操作步骤：

（1）选定 E3 单元格，在数据编辑区输入公式："=B3+C3+D3"，单击工具栏的"输入"按钮或按 Enter 键，计算结果显示在 E3 单元格。

（2）用鼠标拖动 E3 单元格的自动填充柄至 E6 单元格，放开鼠标，"总和"计算结果显示在 E3:E6 单元格区域。

（3）选定 B7 单元格，在数据编辑区输入公式："=B3+B4+B5+B6"，单击工具栏的"输入"按钮或按 Enter 键，计算结果显示在 B7 单元格。

（4）用鼠标拖动 B7 单元格的自动填充柄至 E7 单元格，放开鼠标，计算结果显示在 B7:E7 单元格区域，如图 5-34 所示。

（5）选定 G3 单元格，在数据编辑区输入公式："=E3/$E$7"，单击工具栏的"输入"按钮或按 Enter 键，"百分比"计算结果显示在 F3 单元格。

（6）用鼠标拖动 G3 单元格的自动填充柄至 G6 单元格，放开鼠标，"百分比"计算结果显示在 G3:G6 单元格区域，如图 5-35 所示。

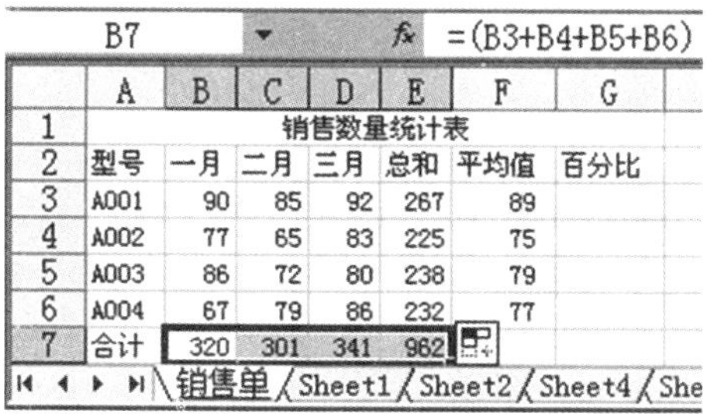

B7			fx	=(B3+B4+B5+B6)		
	A	B	C	D	E	F	G
1	销售数量统计表						
2	型号	一月	二月	三月	总和	平均值	百分比
3	A001	90	85	92	267	89	
4	A002	77	65	83	225	75	
5	A003	86	72	80	238	79	
6	A004	67	79	86	232	77	
7	合计	320	301	341	962		

销售单 / Sheet1 / Sheet2 / Sheet4 / She

图 5-34 利用公式计算"合计"行

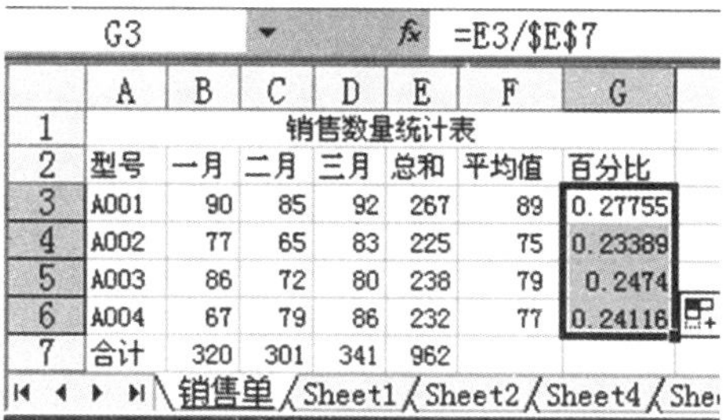

G3			fx	=E3/$E$7		
	A	B	C	D	E	F	G
1	销售数量统计表						
2	型号	一月	二月	三月	总和	平均值	百分比
3	A001	90	85	92	267	89	0.27755
4	A002	77	65	83	225	75	0.23389
5	A003	86	72	80	238	79	0.2474
6	A004	67	79	86	232	77	0.24116
7	合计	320	301	341	962		

销售单 / Sheet1 / Sheet2 / Sheet4 / She

图 5-35 利用公式计算"百分比"列

5.4.4　函数应用

1. 函数形式

函数一般由函数名和参数组成，形式为：

函数名（参数表）

其中：函数名由 Excel 提供，函数名中的大小写字母等价，参数表由用英文逗号分隔的参数 1，参数 2，…，参数 N（N≤30）构成，参数可以是常数、单元格地址、单元格区域、单元格区域名称或函数等。

2. 函数引用

若要在某个单元格输入公式："=AVERAGE(A2:A10)"，可以采用如下方法：

方法 1：直接在单元格中输入公式："=AVERAGE(A2:A10)"。

方法 2：用"插入函数"快速输入函数，其方法如下：

（1）选定单元格，单击 **Σ ▾** 按钮右侧的向下箭头，选择"其他函数"，弹出"插入函数"对话框，在"选择函数"列表中选中函数"AVERAGE"，如图 5-36 所示。单击"确定"按钮，打开"函数参数"对话框，如图 5-37 所示。

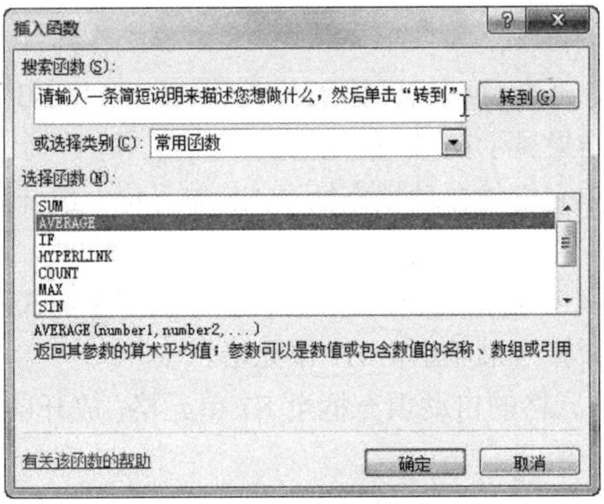

图 5-36　"插入函数"对话框

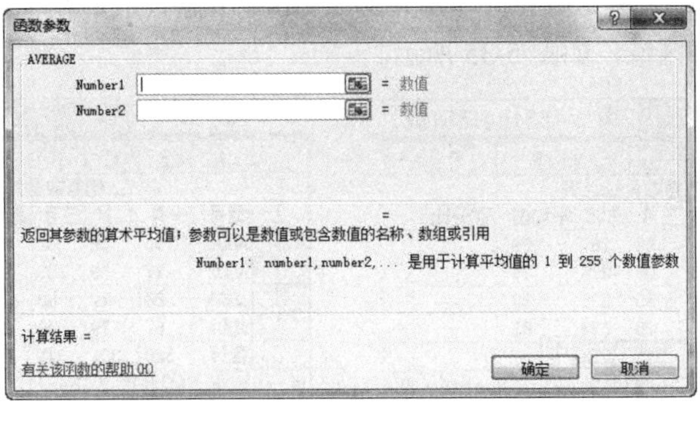

图 5-37　"函数参数"对话框

（2）可在"函数参数"对话框第一个参数 Value1 框内用输入选定 A2:A10，单击"确定"按钮；也可以单击"切换"按钮，然后在工作表上选定 A2:A10 区域，单击"切换"按钮，单击"确定"按钮。

3．函数嵌套

函数嵌套是指一个函数可以作为另一函数的参数使用。例如公式：

ROUND(AVERAGE(A2:C2)，1)

其中，ROUND 为一级函数，AVERAGE 为二级函数。先执行 AVERAGE 函数，再执行 ROUND 函数。一定要注意，AVERAGE 作为 ROUND 的参数，它返回的数值类型必须与 ROUND 参数使用的数值类型相同。Excel 函数嵌套最多可嵌套七级。

4．Excel 函数

1）常用函数

（1）SUM(参数 1，参数 2，…)：求和函数，求各参数的累加和。

（2）AVERAGE(参数 1，参数 2，…)：算术平均值函数，求各参数的算术平均值。

（3）MAX(参数 1，参数 2，…)：最大值函数，求各参数中的最大值。

（4）MIN(参数 1，参数 2，…)：最小值函数，求各参数中的最小值。

2）统计个数函数

（1）COUNT(参数 1，参数 2，…)：求各参数中数值型数据的个数。

（2）COUNTA(参数 1，参数 2，…)：求"非空"单元格的个数。

（3）COUNTBLANK(参数 1，参数 2，…)：求"空"单元格的个数。

3）四舍五入函数 ROUND(数值型参数，n)

返回时对"数值型参数"进行四舍五入到第 n 位的近似值。

当 n>0 时，对数据的小数部分从左到右的第 n 位四舍五入。

当 n=0 时，对数据的小数部分最高位四舍五入取数据的整数部分。

当 n<0 时，对数据的整数部分从右到左的第 n 位四舍五入。

4）条件函数 IF(逻辑表达式，表达式 1，表达式 2)

若"逻辑表达式"值为真，函数值为"表达式 1"的值；否则为"表达式 2"的值。

5）条件计数 COUNTIF(条件数据区，"条件")

统计"条件数据区"中满足给定"条件"的单元格的个数。

COUNTIF 函数只能对给定的数据区域中满足一个条件的单元格统计个数，若对一个以上的"条件"统计单元格的个数，用数据库函数 DCOUNT 或 DCOUNTA 实现。

6）条件求和函数 SUMIF(条件数据区，"条件"，[求和数据区])

在"条件数据区"查找满足"条件"的单元格，计算满足条件的单元格对应于"求和数据区"中数据的累加和。如果"求和数据区"省略，统计"条件数据区"满足条件的单元格中数据的累加和。

SUMIF 函数中的前两个参数与 COUNTIF 中的两个参数的含义相同，如果省略 SUMIF 中的第 3 个参数，SUMIF 是求满足条件的单元格内数据的累加和，COUNTIF 是求满足条件的单元格的个数。

Excel 的其他函数以及详细应用请查看 Excel 帮助信息。

【例题 5-13】对"人力资源情况表"工作表，利用函数计算开发部职工人数置于 D4 单元格（利用 COUNTIF 函数），计算开发部职工平均工资置于 D6 单元格（利用 SUMIF 函数和已求出的计算开发部职工人数）。

具体操作步骤：

（1）选定 D4 单元格，在数据编辑区输入“=”，单击“名称框”右侧的下拉按钮，选择“COUNTIF”函数，在弹出的“函数参数”对话框中输入“Range”参数和“Criteria”参数（可利用“切换”按钮），此时，数据编辑区出现公式：“=COUNTIF(B3:B8,"开发部")”,单击“确定”按钮，按 Enter 键或工具栏的“确认”按钮，此时，D4 单元格显示开发部职工人数，如图 5-38 所示。

（2）选定 D6 单元格，在数据编辑区输入“=”，单击“名称框”右侧的下拉按钮，选择“SUMIF”函数，在弹出的“函数参数”对话框中输入“Range”参数、“Criteria”参数和 Sum_Range 参数（可利用“切换”按钮），单击“确定”按钮，此时，数据编辑区出现公式：“=SUMIF(B3:B8,"开发部", C3:C8)”，将数据编辑栏的公式编辑为：“=SUMIF(B3:B8,"开发部", C3:C8) / $D$3”，按 Enter 键或工具栏的“确认”按钮，此时，D6 单元格显示开发部职工平均工资，如图 5-39 所示。

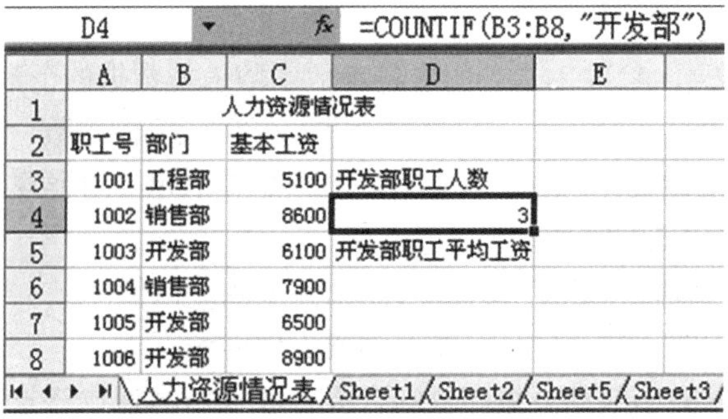
D4 =COUNTIF(B3:B8,"开发部")

	A	B	C	D	E
1	人力资源情况表				
2	职工号	部门	基本工资		
3	1001	工程部	5100	开发部职工人数	
4	1002	销售部	8600	3	
5	1003	开发部	6100	开发部职工平均工资	
6	1004	销售部	7900		
7	1005	开发部	6500		
8	1006	开发部	8900		

人力资源情况表 / Sheet1 / Sheet2 / Sheet5 / Sheet3

图 5-38 利用 COUNTIF 函数计算

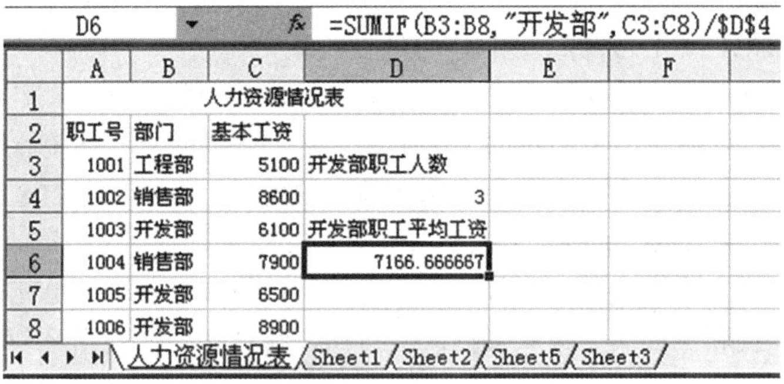
D6 =SUMIF(B3:B8,"开发部",C3:C8)/$D$4

	A	B	C	D	E	F
1	人力资源情况表					
2	职工号	部门	基本工资			
3	1001	工程部	5100	开发部职工人数		
4	1002	销售部	8600	3		
5	1003	开发部	6100	开发部职工平均工资		
6	1004	销售部	7900	7166.666667		
7	1005	开发部	6500			
8	1006	开发部	8900			

人力资源情况表 / Sheet1 / Sheet2 / Sheet5 / Sheet3

图 5-39 利用 SUMIF 函数计算

5．关于错误信息

在单元格输入或编辑公式后，有时会出现诸如“####!”或“#VALUE!”的错误信息，错误值一般以“#”符号开头，出现错误值有如表 5-2 所示几种原因。

表 5-2 错误值及其原因

错误值	错误值出现原因	例子
####!	宽度不够，加宽即可	
#DIV/0!	被除数为 0	例如＝3 / 0
#N/A	引用了无法使用的数值	例如 HLOOKUP 函数的第 1 个参数对应的单元格为空
#NAME?	不能识别的名字	例如＝sun(a1:a4)
#NULL!	交集为空	例如＝sum(a1:a3　b1:b3)
#NUM!	数据类型不正确	例如＝sqrt(－4)
#REF!	引用无效单元格	例如引用的单元格被删除
#VALUE!	不正确的参数或运算符	例如＝1+"a"

下面简要说明各错误信息可能产生的原因。

1）####！

若单元格中出现"####！"错误信息，可能的原因是：单元格中的计算结果太长，该单元格宽度小，可以通过调整单元格的宽度来消除该错误；或者，日期或时间格式的单元格中出现负值。

2）#DIV/0！

若单元格中出现"#DIV/0！"错误信息，可能的原因是：该单元格的公式中出现被零除问题，即输入的公式中包含"0"除数，也可能在公式中的除数引用了零值单元格或空白单元格（空白单元的值被解释为零值）。

解决办法是修改公式中的零除数或零值单元格或空白单元格引用，或者在用除数的单元中输入不为零的值。

当做除数的单元格为空或含的值为零时，如果不希望显示错误，可以使用 IF 函数。例如，如果单元格 B5 包含除数，而 A5 包含被除数，可以使用"=IF（B5=0，""，A5/B5)"（两个连续引号代表空字符串），表示 B5 值为"0"时，什么也不显示，否则显示 A5/B5 的商。

3）#N/A

在函数或公式中没有可用数值时，会产生这种错误信息。

4）#NAME?

在公式中使用了 Excel 所不能识别的文本时将产生错误信息"#NAME?"。可以从以下几方面进行检查：

（1）使用了不存在的名称。应检查使用的名称是否存在，方法是：单击"插入/名称/定义"命令，在出现的"定义名称"对话框中如果没有列出该名称，则使用了不存在的名称。可以使用"定义"命令添加相应的名称。

（2）公式中的名称或函数名拼写错误。修改拼写错误即可。

（3）公式中区域引用不正确。如某单元格中有公式"=SUM(GZG3)"。

（4）在公式中输入文本时没有使用英文双引号。

5）#NULL!

在单元格中出现此错误信息的原因可能是试图为两个并不相交的区域指定交叉点。例如，使用了不正确的区域运算符或不正确的单元格引用等。

如果要引用两个不相交的区域，则两个区域之间应使用区域运算符","。例如：公式

SUM(Al: Al0, Cl: Cl0)完成对两个区域求和。

6）#NUM!

在公式或函数中某个数值有问题时产生的错误信息。例如，公式产生的结果太大或太小，即超出范围。

7）#REF!

单元格中出现这样的错误信息是因为该单元格引用无效的结果。设单元格 A9 中有数值"5"，单元格 Al0 中有公式"=A9+1"，单元格 Al0 显示结果为 6。若删除单元格 A9，则单元格 Al0 中的公式"=A9+1"对单元格 A9 的引用无效，就会出现该错误信息。

8）#VALUE!

当公式中使用不正确的参数时，将产生该错误信息。这时应确认公式或函数所需的参数类型是否正确，公式引用的单元格中是否包含有效的数值。如果需要数字或逻辑值时却输入了文本，就会出现这样的错误信息。

5.5 图表

5.5.1 图表的基本概念

1. 图表类型

Excel 提供了 11 种标准图表类型。每一种图表类型又分为多个子类型。常用的图表类型有：柱形图、条形图、折线图、饼图、面积图、XY（散点图）、圆环图、股价图、曲面图、气泡图和雷达图等。

2. 图表的构成

一个图表主要由以下部分构成，如图 5-40 所示。

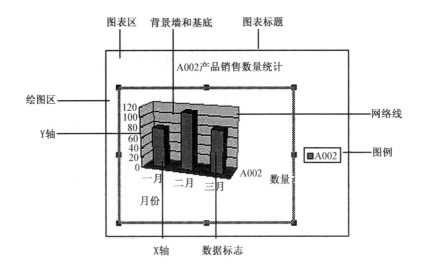

图 5-40 图表的构成

（1）图表标题：描述图表的名称，默认在图表的顶端。

（2）坐标轴与坐标轴标题：坐标轴标题是 X 轴和 Y 轴的名称。

（3）图例：包含图表中相应的数据系列的名称和数据系列在图中的颜色。

（4）绘图区：以坐标轴为界的区域。

（5）数据系列：一个数据系列对应工作表中选定区域的一行或一列数据。

（6）数据标签：可以用来标识数据系列中数据点的详细信息。

（7）网格线：从坐标轴刻度线延伸出来并贯穿整个"绘图区"的线条系列，可有可无。

（8）背景墙与基底：三维图表中会出现背景墙与基底，是包围在许多三维图表周围的区域，用于显示图表的维度和边界。

5.5.2 创建图表

1．嵌入式图表与独立图表

（1）嵌入式图表

嵌入式图表是指图表作为一个对象与其相关的工作表数据存放在同一工作表中。

（2）独立图表

独立图表以一个工作表的形式插在工作簿中。在打印输出时，独立工作表占一个页面。

2．创建图表

1）创建图表的方法

具体操作步骤：

（1）选定要为其绘制图表的数据。

（2）选择"插入/图表"，单击右下角的箭头，弹出"插入图表"对话框，如图 5-41 所示。单击所需图表类型/图形，单击"确定"。

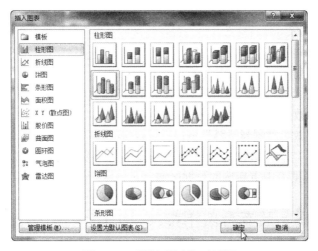

图 5-41 "插入图表"对话框

（3）选中图表激活"图表工具"窗口，如图 5-42 所示。使用"设计"、"布局"和"格式"选项卡添加图表元素，并修饰图表。

图 5-42 激活"图表工具"窗口

提示：

默认情况下，图表作为嵌入图表放在工作表上。

2）移动图表

移动图表具体操作步骤：

（1）单击嵌入图表中的任意位置以将其激活。

（2）选择"设计/位置"组，单击"移动图表"按钮 ，弹出"移动图表"对话框，如图 5-43 所示。若要将图表显示在图表工作表中，单击"新工作表"单选框；若要将图表显示为工作表中的嵌入图表，单击"对象位于"单选框，然后在"对象位于"框中单击工作表名称。

图 5-43 "移动图表"对话框

3）更改图表的名称

更改图表名称具体操作步骤：

（1）单击图表，激活"图表工具"窗口。

（2）选择"布局/属性"，单击"图表名称"文本框，在文本框键入新名称。

（3）按 Enter 键。

3．编辑和修改图表

更改图表类型的具体操作步骤：

（1）单击图表，激活"图表工具"窗口

（2）选择"设计/类型"，单击"更改图表类型"，在列表中选择所需图形。

向图表添加删除数据源的具体操作步骤：

（1）单击图表，激活"图表工具"窗口

（2）选择"设计"选项卡/数据"，单击"选择数据"按钮，在弹出"选择数据源"对话框中，单击 ，在数据表中重新选取数据区域。

5.5.3 更改图表的布局或样式

1．应用预定义图表布局

使用 Excel"快速布局"的具体操作步骤：

（1）单击要图表中的任意位置激活"图表工具"窗口。

（2）选择"设计/图表布局"，单击下拉箭头，单击所需的图表布局。如图 5-44 所示。

图 5-44 "图表布局"列表

2．应用预定义图表样式

使用 Excel "快速布局"的具体操作步骤：

（1）单击图表中的任意位置激活"图表工具"窗口。

（2）选择"设计/图表样式"组，单击下拉箭头，单击所需的图表样式。

3．手动更改图表元素的布局

具体操作步骤：

（1）单击要更改其布局的图表元素。

（2）选择"布局"选项卡上的"标签"、"坐标轴"或"背景"组中，单击图表元素下拉箭头按钮，然后单击所需的布局选项，可以完成对图表元素有/无和显示位置的设置。

（3）如需对图表元素其他选项做修改，单击"其他**选项"，在弹出的"设置格式"对话框进行设置。

4．手动更改图表元素的格式

在"格式"选项卡上的"当前选所选内容"组中，单击"图表元素"框中的下拉箭头，然后单击所需的图表元素，如图 5-45 所示。在"形状样式"组、"艺术字样式"组"排列"组和"大小"组，按所需进行设置。

图 5-45 "当前选所选内容"组

提示：

应用艺术字样式后，就无法删除艺术字格式。如果不需要已经应用的艺术字样式，则可以选择另一种艺术字样式，也可以单击"快速访问工具栏"中的 。

5．调整图表大小和位置

图表的大小也可通过单击图表，然后拖动尺寸控制点调整至所需大小。要移动图表，只需单击图表区，鼠标拖动图表至所需位置即可。

5.6　工作表中的数据库操作

Excel 提供了较强的数据库管理功能，不仅能够通过记录单来增加、删除和移动数据，还能够按照数据库的管理方式对以数据清单形式存放的工作表进行各种排序、筛选、分类汇总、统计和建立数据透视表等操作。需要特别注意的是，对工作表数据进行数据库操作，要求数据必须按"数据清单"存放。

5.6.1　建立数据清单

1. 数据清单

数据清单是指包含一组相关数据的一系列工作表数据行。Excel 允许采用数据库管理的方式管理数据清单。数据清单由标题行（表头）和数据部分组成。数据清单中的行相当于数据库中的记录，行标题相当于记录名；数据清单中的列相当于数据库中的字段，列标题相当于字段名。

2. 使用记录单建立数据清单

建立数据清单时，可以采用建立工作表的方式向行、列中逐个输入数据，也可以使用"记录单"建立和编辑数据清单。记录单是数据清单的一种管理工具，通过将记录单添加到"自定义快速访问栏"可以更方便地在数据清单中输入、修改、删除和移动数据记录。

将记录单添加到"自定义快速访问栏"的具体操作步骤：

（1）选择"文件"选项卡，"选项/快速访问工具栏"，在"从下列位置选择命令"中选择"所有命令"，选中下拉列表中的"记录单"。

（2）单击"添加"、"确定"按钮。

使用"记录单"按钮输入、修改、删除和移动数据记录具体操作步骤：

（1）选定工作表的数据区域，单击"记录单"按钮 ▣，弹出"记录单"对话框。如图 5-46 所示。

图 5-46　"记录单"对话框

（2）单击"新建"按钮，依次在字段名右侧的输入框中输入数据，再次单击"新建"或单击"关闭"，记录增加完成（只能在记录尾部增加记录）。

如想修改、删除数据记录，只需定位在要修改、删除的记录，直接修改、删除即可。

5.6.2　数据排序

1. 使用"升序"按钮 ↕️（"降序"按钮 ↕️）`排序

使用"升序"按钮 ↕️（"降序"按钮 ↕️）`排序的具体操作步骤：

（1）选定要排序的单元格区域。

（2）单击"升序"（"降序"）按钮，弹出"排序提醒"对话框，选择"以当前选定区域排序"单选框，单击"排序"。

2. 使用自定义排序

使用自定义排序的具体操作步骤：

（1）选定要排序的单元格区域。

（2）选择"数据"/排序和筛选"，单击"排序"，弹出"排序"对话框如图 5-47 所示。在"列"选项组中"主要关键字"下拉列表中选择要排序的列。"排序依据"下拉列表中，可根据需要，对于文本值、数值、日期或时间值排序选择"数值"；对于格式排序选择"单元格颜色"、"字体颜色"和"单元格图标"。在"次序"下拉列表中选择排序方式。

图 5-47　"排序"对话框

（3）当排序关键字不止一个时，单击"添加条件"，对话框显示"次要关键字"，如步骤（2），重复设置。

若要删除作为排序依据的列，需选择该条目，然后单击"删除条件"。若要复制作为排序依据的列，需选择该条目，然后单击"复制条件"。若要更改列的排序顺序，需选择一个条目，然后单击 ▲ 或 ▼ 更改顺序

（4）单击"确定"按钮。

提示：

对列进行排序时，隐藏的列不会移动；对行进行排序时，隐藏的列也不会移动。在对数据进行排序之前，最好先取消隐藏已隐藏的列和行。

当选取数据包含标题时勾选"数据包含标题"以免排序时出现错误。

单击"排序"对话框中"选项"按钮，弹出"排序选项"对话框，如图 5-48 所示。选中"方向"下的"按行排序"可以对行进行排序。

在 Excel 2010 中，排序条件最多可以支持 64 个关键字。

图 5-48　"排序选项"对话框

3．排序数据区域选择

如果选定的数据清单内容没有包含所有的列，Excel 会弹出"排序提醒"对话框，可选择"扩展选定区域"或"以当前选定区域排序"，如果选中"扩展选定区域"，Excel 自动选定数据清单的全部内容，如果选中"以当前选定区域排序"，Excel 将只对已选定的区域排序，未选定的区域不变（有可能引起数据错误）。

4．恢复排序

如果希望将已经过多次排序的数据清单恢复到排序前的状况，可以在数据清单中设置"记录号"字段，内容为顺序数字 1、2、3、4…，无论何时，只要按"记录号"字段升序排列即可恢复为排序前的数据清单。

5.6.3　数据筛选

数据筛选是在工作表的数据清单中快速查找具有特定条件的记录，筛选后数据清单中只包含符合筛选条件的记录，以便于浏览。

在单元格区域或 Excel 表中选中至少一个单元格，选择"数据"选项卡，"排序和筛选"组，单击"筛选"按钮 。启用筛选如图 5-49 所示。单击标题旁下拉箭头 显示筛选器选择列表如图 5-50 所示。

序号	职工号	部门	性别	学历
		公司人员薪金表		
1	Y001	研发部	男	博士
2	Y005	研发部	男	大本
3	S001	事业部	男	硕士
4	R001	人力资源部	男	博士
5	Y002	研发部	男	大本
6	Y004	研发部	男	大本
7	S002	事业部	男	硕士

图 5-49　启用筛选

1．自动筛选

1）单字段条件筛选

筛选条件只涉及一个字段内容称为单字段条件筛选。

单字段自动筛选的具体操作步骤：

（1）选定要筛选的数据。

（2）选择选择"数据/排序和筛选"组，单击"筛选"按钮。

图 5-50 "筛选器选择列表"

（3）单击列标题中的下拉箭头⯆，在弹出的筛选器选择列表中，按所需可选择

①在"搜索"框输入要搜索的字符，单击"确定"。

②在数据列中，取消不需显示的数值选项前的复选框。

③根据列中的数据类型，可选择"数字筛选"如图 5-51 所示或"文本筛选"如图 5-52 所示。按所需，数字类型可选择"等于"、"不等于"、"大于"、"大于等于"和"自定义筛选"等条件进行筛选，文本类型可选择"等于"、"不等于"、"开头是"、"结尾是"和"自定义筛选"等条件进行筛选。

（4）单击"确定"。列标题中的⯆变为⯆表示此列已应用筛选。

（5）单击列标题中的⯆，在弹出的"筛选器选择列表"中，单击"从**中清除筛选"可以取消此列数据的筛选。

图 5-51 "数字筛选"

图 5-52 "文本筛选"

2）多字段条件筛选

多字段自动筛选的具体操作步骤：

（1）选定要筛选的数据。

（2）选择选择"数据/排序和筛选"，单击"筛选"按钮。

（3）单击列标题中的下拉箭头⯆，在弹出的"筛选器选择列表"中选择"文本筛选/自定义筛选"（或"数字筛选/自定义筛选"），弹出"自定义自动筛选方式"对话框，如图 5-53 所示。在右侧一个或多个框中，输入文本（或数字）或从下拉列表中选择文本值（或数字）

图 5-53　"自定义自动筛选方式"对话框

（4）单击"确定"。列标题中的 ▾ 变为 ▾ 。

（5）在第一次筛选出的结果中，打开下一次要筛选的列标题下拉箭头 ▾ ，重复（3）、（4）步骤。

（6）单击列标题中的 ▾ ，在弹出的"筛选器选择列表"中，单击"从**中清除筛选"可以取消此列数据的筛选。选择"数据"选项卡，"排序和筛选"组，单击"清除"按钮 ▼清除 可以清除当前数据范围的筛选和排序。

2．高级筛选

Excel 提供高级筛选方式，主要用于多字段条件的筛选。使用高级筛选必须先建立一个条件区域，用来编辑筛选条件。条件区域的第一行是所有作为筛选条件的字段名，这些字段名必须与数据清单中的字段名完全一样。条件区域的其他行输入筛选条件，"与"关系的条件必须出现在同一行内，"或"关系的条件不能出现在同一行内。条件区域与数据清单区域不能连接，须用空行隔开。

【例题 5-14】对工作表"公司人员薪金表"数据清单的内容进行高级筛选，如图 5-54 所示。必须同时满足两个条件：条件 1，基本薪金大于等于 4000 并且小于等于 5000；条件 2，学历为硕士或博士。

	A	B	C	D	E	F	G
1	公司人员薪金表						
2	序号	职工号	部门	性别	学历	基本薪金	年龄
3	1	S001	事业部	男	硕士	3600	28
4	2	S002	事业部	男	硕士	3700	35
5	3	S003	事业部	女	硕士	3900	23
6	4	S004	事业部	男	硕士	4100	27
7	5	S005	事业部	男	硕士	4200	24
8	6	S006	事业部	男	大本	4200	26
9	7	Y001	研发部	男	博士	4200	36
10	8	Y002	研发部	男	大本	4300	33
11	9	Y003	研发部	男	大本	4500	28
12	10	Y004	研发部	男	大本	4500	38
13	11	Y006	研发部	女	大本	4700	27
14	12	Y005	研发部	男	大本	5100	27
15	13	P001	培训部	男	博士	5400	29
16	14	P003	培训部	女	大本	6000	25
17	15	P002	培训部	女	大本	6100	26
18	16	R002	人力资源部	男	大本	6200	42
19	17	R001	人力资源部	男	博士	6300	32
20	18	R003	人力资源部	男	大本	6300	29
21	19	R004	人力资源部	女	大本	6400	34
22	20	R005	人力资源部	女	大专	7600	28

图 5-54　"公司人员薪金表"

高级筛选的具体操作步骤：

（1）在工作表的第一行前插入四行作为高级筛选的条件区域。

（2）在条件区域（A1:D3）区域输入筛选条件，选择工作表的数据清单区域（A6:G26）。

（3）选择"数据/排序和筛选"，单击"高级"按钮 ▼高级 ，弹出"高级筛选"对话框，选择"在原有区域显示筛选结果"（也可以选择"将筛选结果复制到其他位置"），利用下拉按钮 🔡 确定"列表区域"（数据清单区域）和"条件区域"（筛选条件区域），单击"确定"按钮即可完成高级筛选，如图 5-55 所示。

	A	B	C	D	E	F	G
1	基本薪金	基本薪金	学历	学历			
2	>=4000	<=5000	硕士				
3				博士			
4							
5	公司人员薪金表						
6	序号	职工号	部门	性别	学历	基本薪金	年龄
10	4	S004	事业部	男	硕士	4100	27
11	5	S005	事业部	女	硕士	4200	24
13	7	Y001	研发部	男	博士	4200	36
19	13	P001	培训部	男	博士	5400	29
23	17	R001	人力资源部	男	博士	6300	32
27							
28							

图 5-55 高级筛选结果

5.6.4 数据分类汇总

分类汇总是对数据内容进行分析的一种方法。Excel 分类汇总是对工作表中数据清单的内容进行分类，然后统计同类记录的相关信息，包括求和、计数、平均值、最大值、最小值等，由用户进行选择。

分类汇总只能对数据清单进行，数据清单的第一行必须有列标题。在进行分类汇总前，必须根据分类汇总的数据类对数据清单进行排序。

1．创建分类汇总

创建分类汇总的具体操作步骤：

（1）按分类字段进行排序。例如：按"部门"分类，

（2）选择"数据/分级显示"组，单击"分类汇总"按钮 分类汇总，弹出"分类汇总对话框"如图 5-56 所示。

图 5-56 "分类汇总"对话框

（3）在"分类字段"、"汇总方式"的下拉列表中以及"选定汇总项"复选框中，选择所需选项。例如：汇总方式为"平均值"，汇总项为"基本薪金"。

根据汇总行位于明细行的位置，选中（或清除）"汇总结果显示在数据下方"（或上方）。

若本次汇总前，已经进行过某种分类汇总，根据需要决定是否替换原汇总数据，选中（或清除）"替换当前分类汇总"。

根据需要决定每类汇总是否独占一页，选中（或清除）"每组数据分页"。

（4）单击"确定"。分类汇总后的结果如图 5-57 所示。

图 5-57 分类汇总后的结果

2．删除分类汇总

如果要删除已经创建的分类汇总，可在"分类汇总"对话框中单击"全部删除"按钮，即可删除分类汇总。

3．隐藏分类汇总数据

若要只显示分类汇总和总计的汇总，请单击行编号旁边的分级显示符号 [1][2][3]。使用 [+] 和 [−] 符号来显示或隐藏各个分类汇总的明细数据行。

5.6.5 数据合并

数据合并可以把来自不同源数据区域的数据进行汇总，并进行合并计算。不同源数据区包括同一工作表中、同一工作簿的不同工作表中、不同工作簿中的数据区域。数据合并是通过建立合并表的方式来进行的。

【例题 5-15】现有在同一工作簿中的"1 分店"和"2 分店"4 种型号的产品一月、二月、三月的"销售数量统计表"数据清单，位于工作表"销售单 1"和"销售单 2"中，如图 5-58 所示。现需新建工作表，计算出两个分店 4 种型号的产品一月、二月、三月每月销售量总和。

（a）销售单 1　　　　　　　　（b）销售单 2

图 5-58 "销售单 1"工作表和"销售单 2"工作表

数据合并的具体操作步骤：

（1）在本工作簿中新建工作表"合计销售单"数据清单，数据清单字段名与源数据清单相同，第一列输入产品型号，选定用于存放合并计算结果的单元格区域 B3:D6，如图 5-59 所示。

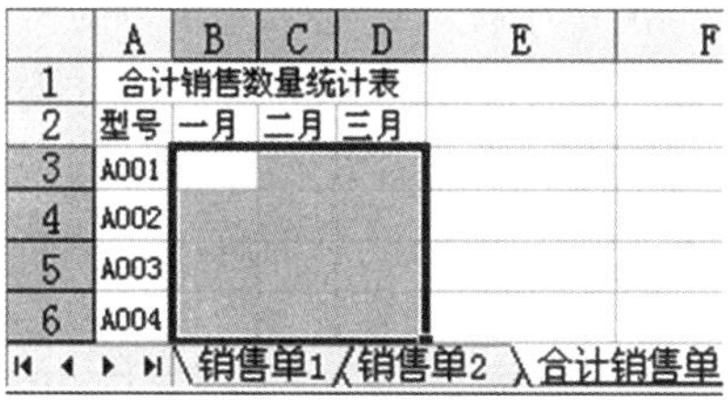

图 5-59 选定合并后的工作表的数据区域

（2）选择"数据/数据工具"，单击"合并计算"按钮  弹出"合并计算"对话框，在"函数"下拉列表框中选择"求和"，在"引用位置"下拉按钮下选取"销售单 1"的 B3:D6 单元格区域，单击"添加"按钮，再选取"销售单 2"的 B3:D6 单元格区域，单击"添加"按钮（此时，单击"浏览"按钮可以选取不同工作表或工作簿中的引用位置），选中"创建指向源数据的链接"复选框，如图 5-60 所示。计算结果如图 5-61 所示。

图 5-60 利用"合并计算"对话框进行合并计算

图 5-61 合并计算后的工作表

（3）合并计算结果以分类汇总的方式显示，单击合计销售单工作表左侧的"＋"号，可以显示源数据信息。

5.6.6　建立数据透视表

数据透视表从工作表的数据清单中提取信息，它可以对数据清单进行重新布局和分类汇总，还能立即计算出结果。在建立数据透视表时，需考虑如何汇总数据。

【例题 5-16】现有如图 5-62 所示工作表中的数据清单，现建立数据透视表，显示各分店各型号产品销售量的和、总销售额的和以及汇总信息。

	A	B	C	D	E
1	销售数量统计表				
2	经销店	型号	销售量	单价(元)	总销售额(元)
3	1分店	A001	267	33	8811
4	2分店	A001	273	33	9009
5	1分店	A002	271	45	12195
6	2分店	A002	257	45	11565
7	2分店	A003	232	29	6728
8	1分店	A003	226	29	6554
9	2分店	A004	304	63	19152
10	1分店	A004	290	63	18270

图 5-62　欲建立数据透视表的数据清单

具体操作步骤：

（1）选定工作表中的一个单元。

（2）选择"插入/表格"组，单击"数据透视表"按钮，弹出"创建数据透视表"对话框，如图 5-63 所示。确认"表/区域"框内为所需数据区域，"选择放置数据透视表的位置"选中"现有工作表"单选框，单击，在现有工作表指定放置数据透视表的单元格区域的第一个单元格单击"确定"。

图 5-63　"创建数据透视表"对话框

（3）激活"数据透视表工具"窗口，在右侧"数据透视表字段列表"，如图 5-64 所示，将字段放置到布局部分的特定区域中，在"选择要添加到报表的字段"框中，右键单击字段名，然后单击"添加到报表筛选"、"添加到列标签"、"添加到行标签"或"添加到值"。（或通过鼠标拖拽将"选择要添加到报表的字段"中的字段拖至"报表筛选"、"列标签"、"行标签"和"∑数值"。）设置完成后的"数据透视表字段列表"如图 5-65 所示。数据透视表显示在工作表指定的放置区中，如图 5-66 所示。

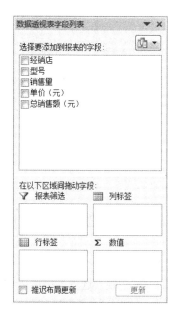

图 5-64 "数据透视表字段列表"

图 5-65 设置完成后的"数据透视表字段列表"

行标签	列标签				
	A001	A002	A003	A004	总计
1分店					
求和项:销售量	267	271	226	290	1054
求和项:总销售额（元）	8811	12195	6554	18270	45830
2分店					
求和项:销售量	273	257	232	304	1066
求和项:总销售额（元）	9009	11565	6728	19152	46454
求和项:销售量汇总	540	528	458	594	2120
求和项:总销售额（元）汇总	17820	23760	13282	37422	92284

图 5-66 数据透视表

5.7 打印工作表和超链接

5.7.1 页面布局

对工作表进行页面设置，可以控制打印出的工作表的版面。页面设置是选择"页面布局/页面设置"，单击"显示"按钮 ，弹出"页面设置"对话框，如图 5-67 所示。包括设置页面、页边距、页眉/页脚和工作表。

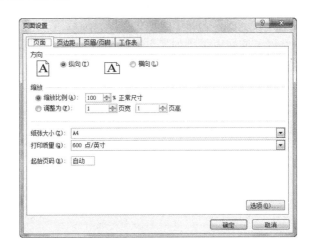

图 5-67 "页面设置"对话框

1．设置页面

选择"页面设置"对话框的"页面"选项卡，在打开的"页面"选项卡中可以进行页面的打印方向、缩放、纸张大小以及打印质量的设置。

2．设置页边距

选择"页面设置"对话框的"页边距"选项卡，在打开的"页边距"选项卡中可以设置页面中正文与页面边缘的距离，以及页眉和页脚与页面边缘的距离，在"上""下""左""右""页眉""页脚"数值框中分别输入所需的页边距数值即可。"剧中方式"可选"水平"或"垂直"。

3．设置页眉/页脚

页眉是指打印页顶部出现的文字，而页脚则是打印页底部出现的文字。

在"页眉/页脚"选项卡上，单击"自定义页眉"或"自定义页脚"，单击"左"、"中"或"右"框，然后单击按钮以在所需位置插入相应的页眉或页脚信息。单击"确定"。打开"页眉/页脚"选项卡，可以在"页眉"和"页脚"的下拉列表框中选择内置的页眉格式和页脚格式。

如果要自定义页眉或页脚，可以单击"自定义页眉"或"自定义页脚"按钮，在打开的对话框中完成所需的设置即可。

如果要删除页眉或页脚，选定要删除页眉或页脚的工作表，在"页眉/页脚"选项卡中，在"页眉"或"页脚"的下拉列表框中选择"无"，表明不使用页眉或页脚。

4．设置工作表

选择"页面设置"的"工作表"选项卡，打开"工作表"选项卡进行工作表的设置：可以利用"打印区域"右侧的按钮 选定打印区域；利用"打印标题"右侧的按钮 选定行标题或列标题区域，为每页设置打印行或列标题；利用"打印"设置有无网格线、行号列标和批注等；利用"打印顺序"设置"先列后行"还是"先行后列"。

5.7.2 打印预览

Excel 提供的"打印预览"功能在打印前能看到实际打印的效果。

选择"页面设置"对话框,"页面"选项卡,单击"打印预览"按钮。在 Excel 2010 中,预览工作表时,将在 Backstage 视图中打开工作表,如图 5-68 所示。

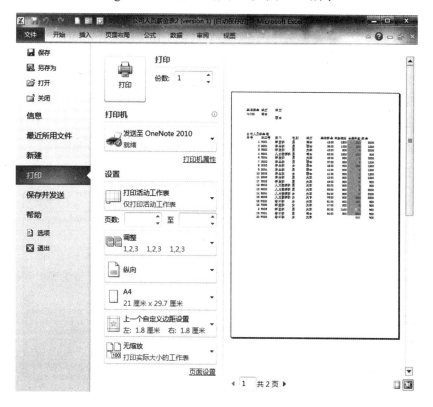

图 **5-68** **Backstage** 视图中预览工作表

5.7.3 打印

页面设置和打印预览完成后,即可以进行打印。

单击"文件"选项卡,单击"打印",弹出 Backstage 视图,如图 5-68 所示。主要完成的打印设置为:

1."打印"选项组

"份数":指定打印的份数。

2."打印机"选项组

该选项组可以选择目前使用的打印机。

3."设置"选项组

(1)选择"打印活动工作表":打印当前活动的工作表。

(2)选择"打印整个工作簿":打印当前工作簿中含有数据的所有工作表。

(3)选择"打印选定区域":指打印工作表中选定的单元格区域和对象。

在"设置"选项组还可以设置打印方向、纸张大小、打印缩放等。

5.7.4　建立超链接

超链接可以从一个工作簿或文件快速跳转到其他工作簿或文件，超链接可以建立在单元格的文本或图形上。

1．建立超链接

建立超链接的具体操作步骤：

（1）选定要链接的单元格或单元格区域。

（2）选择"插入/链接"，单击"超链接"按钮 ，弹出"插入超链接"对话框，如图 5-69 所示。

图 5-69　"插入超链接"对话框

（3）单击"查找范围"下拉列表框，选择要链接的文件所在的位置；如单击"当前文件夹"按钮，可直接选择当前文件夹的文件作为要链接的文件。

（4）单击"确定"按钮，即可完成超链接的建立。此时，选定的作为超链接显示的单元格中的内容变为蓝色，将鼠标指针移至作为超链接显示的单元格，鼠标指针变为手形时，单击即可链接到相关文件。

2．编辑超链接

编辑超链接的具体操作步骤：

（1）单击超链接显示单元格旁边的单元格，利用方向键移动到包含超链接显示的单元格上（如是图形同时按住 Ctrl 键）。

（2）选择"插入/链接"，单击"超链接"按钮 ，弹出"编辑超链接"对话框，输入新的要链接的位置，单击"确定"即可。

3．复制或移动超链接

复制或移动超链接的具体操作步骤：

（1）单击超链接显示单元格旁边的单元格，利用方向键移动到包含超链接显示的单元格上（如是图形同时按住 Ctrl 键）。

（2）单击"复制"（复制超链接）或"剪切"（移动超链接）按钮，单击要包含超链接的单元格，单击"粘贴"按钮即可。

4．取消超链接

用鼠标指向包含超链接的单元格或图形，单击鼠标右键，在弹出的快捷菜单中选择"取消超链接"命令即可。

5.8 保护数据

Excel 可以有效地对工作簿中的数据进行保护。如设置密码，不允许无关人员访问；也可以保护某些工作表或工作表中某些单元的数据，防止无关人员非法修改；还可以把工作簿、工作表、工作表某行（列）以及单元格中的重要公式隐藏起来。

5.8.1 保护工作簿和工作表

任何人都可以自由访问并修改未经保护的工作簿和工作表，因此数据保护工作很重要。

1．保护工作簿

（1）限制打开工作簿

限制打开工作簿的具体操作步骤：

①打开工作簿，选择"文件/另存为"命令，打开"另存为"对话框。

②单击"另存为"对话框"工具"的下拉列表框，并在出现的下拉列表中单击"常规选项"，出现"保存选项"对话框。

③在"保存选项"对话框的"打开权限密码"框中，输入密码，单击"确定"按钮后，要求用户再输入一次密码，以便确认。

④单击"确定"按钮，退到"另存为"对话框，再单击"保存"按钮即可。

要打开设置密码的工作簿时，将出现"密码"对话框。只有正确输入密码才能打开工作簿。密码是区分大小写字母的。

（2）限制修改工作簿

打开"保存选项"对话框，在"修改权限密码"框中，输入密码。要打开工作簿时，将出现"密码"对话框，输入正确的修改权限密码后才能对该工作簿进行修改操作。

（3）修改或取消密码

具体操作步骤：

①打开"保存选项"对话框，在"打开权限密码"编辑框中，选定代表原密码的符号，如果要更改密码，请键入新密码并单击"确定"按钮。

②如果要取消密码，请按 Delete 键，删除打开权限密码。

③然后单击"确定"按钮。

2．保护工作簿结构

如果不允许对工作簿中的工作表进行移动、删除、插入、隐藏、取消隐藏、重新命名或禁止对工作簿窗口的移动、缩放、隐藏、取消隐藏等操作。

具体操作步骤：

（1）选择"文件"选项卡，单击"信息"中的"保护工作簿"，在下拉列表中选择"保护工作簿结构"。

（2）在弹出的"保护结构和窗口"对话框勾选"结构"和"窗口"复选框。（可以不设置密码。）如图 5-70 所示。

图 5-70　"保护结构和窗口"对话框

如需取消"保护工作簿"，可以再次选择"文件"选项卡，单击"信息"中的"保护工作簿/保护工作簿结构"。

3．保护当前工作表

通过使用"保护当前工作表"功能，可以选择密码保护，允许或禁止其他用户选择、设置格式、插入、排序或编辑工作表区域。

除了保护整个工作簿外，也可以保护工作簿中指定的工作表。

具体操作步骤：

（1）选择"文件"选项卡，单击"信息"中的"保护工作簿"按钮，在下拉列表中选择"保护当前工作表"，弹出"保护工作表"对话框如图 5-71 所示。

图 5-71　"保护工作表"对话框

（2）在"取消工作表保护时使用的密码"框键入密码，设置允许用户对此工作表的操作选项，单击"确定"按钮。

（3）再次确认密码。

如果要取消保护工作表，选择"文件"选项卡，单击"信息"中的"保护工作簿"按钮，在下拉列表中选择"保护当前工作表"，弹出"撤销工作表保护"对话框，键入密码，单击"确定"按钮。

4．保护单元格

保护工作表意味着保护它的所有单元格。然而，有时并不需要保护所有的单元格，例如只需要保护重要的公式所在的单元格，其他单元格允许修改。一般 Excel 使所有单元格都处在保护状态，称为"锁定"，当然，这种锁定只有实施上述"保护工作表"操作后才生效。为了解除某些单元格的锁定，使其能够被修改，可做如下操作：

（1）首先使工作表处于非保护状态：单击"全选"按钮 ▭，选中所有单元格区域。选择"开始"选项卡，"单元格"组，单击"格式/锁定单元格"。

（2）选定需要锁定的单元格区域，选择"开始"选项卡，"单元格"组，单击"格式/锁定单元格"。

5.8.2　隐藏工作簿和工作表

对工作簿和工作表除了上述密码保护外，也可以赋予"隐藏"特性，使之可以使用，但其内容不可见，从而得到一定程度的保护。

1．隐藏工作簿

（1）隐藏工作簿

具体操作步骤：在"视图"选项卡上的"窗口"组中，单击"隐藏"按钮 ▭ 。

当退出 Excel 时，系统会询问是否要保存对隐藏的工作簿窗口所做的更改。如果希望下次打开该工作簿时隐藏工作簿窗口，请单击"是"。

（2）取消工作簿的隐藏

具体操作步骤：

在"视图"选项卡上的"窗口"组中，单击"取消隐藏"按钮 ▭，弹出"取消隐藏"对话框，单击要取消隐藏的工作簿文件，单击"确定"按钮。

2．隐藏工作表

（1）隐藏工作表

具体操作步骤：

①选定要隐藏的工作表。

②选择"开始"选项卡，"单元格"组，单击"格式/隐藏和取消隐藏/隐藏工作表"。

隐藏工作表后，屏幕上不再出现该工作表，但可以引用该工作表中的数据。

（2）取消工作表的隐藏

具体操作步骤：

①选择"开始"选项卡，"单元格"组，单击"格式/隐藏和取消隐藏/取消隐藏工作表"，出现"取消隐藏"对话框。

②单击对话框中要取消隐藏的工作表名。

③单击"确定"按钮。

3．隐藏行（列）

（1）隐藏行（列）

具体操作步骤:

选定需要隐藏的行(列)选择"开始/单元格",单击"格式/隐藏和取消隐藏/隐藏行(列)"。隐藏的行(列)将不显示,但可以引用其中单元格的数据,行或列隐藏处出现一条黑线。

(2)取消行(列)隐藏

具体操作步骤:选中已隐藏行(列)的相邻两行(列),或者在名称框中输入隐藏行(列)的单元格地址,选择"开始/单元格",单击"格式/隐藏和取消隐藏/取消隐藏行(列)"。

5.9 操作题

1. 现有"某汽车销售集团销售情况表"工作表(见图 5-72),合并 A1:D1 单元格区域,内容水平居中;利用条件格式将销售量大于或等于 30000 的单元格字体设置为蓝色;将 A2:D9 单元格区域格式设置为套用表格格式"表样式浅色 9",将工作表命名为"销售情况表"。

	A	B	C	D
1	某汽车销售集团销售情况表			
2	分店	销售量(辆)	所占比例	销售量排名
3	第一分店	20345		
4	第二分店	25194		
5	第三分店	34645		
6	第四分店	19758		
7	第五分店	20089		
8	第六分店	32522		
9	总计			

Sheet1 / Sheet2 / Sheet3

图 5-72 操作题 1

2. 对操作题 1 中所给的工作表进行计算,计算销售量的总计,置 B9 单元格;计算"所占比例"列的内容(百分比型,保留小数点后 2 位),置 C3:C8 单元格区域;计算各分店的销售排名(利用 RANK 函数),置 D3:D8 单元格区域;设置 A2:D9 单元格内容对齐方式为"居中"。

3. 为操作题 2 所完成的工作表建立图表,选取"分店"列(A2:A8 单元格区域)和"所占比例"列(C2:C8 单元格区域)建立"分离型三维饼图",图标题为"销售情况统计图",图例位置为底部,将图插入到工作表的 A11:D21 单元格区域内。

4. 现有"某公司人员情况表"数据清单(图 5-73),按主要关键字"职称"的升序次序和次要关键字"部门"的降序次序进行排序,再对排序后的数据清单内容进行分类汇总,计算各职称基本工资的平均值(分类字段为"职称",汇总方式为"平均值",汇总项为"基本工资"),汇总结果显示在数据下方。

5. 对操作题 4 所给数据清单完成以下操作:(1)进行筛选,条件为"部门为销售部或研发部并且学历为硕士或博士";(2)在工作表内建立数据透视表,显示各部门各职称基本工资的平均值以及汇总信息,设置数据透视表内数字为数值型,保留小数点后两位。

	A	B	C	D	E	F	G
1	某公司人员情况表						
2	序号	职工号	部门	性别	职称	学历	基本工资
3	1	S001	事业部	男	高工	本科	5000
4	2	S042	事业部	男	工程师	硕士	5500
5	3	S053	研发部	女	工程师	硕士	5000
6	4	S041	事业部	男	工程师	本科	5000
7	5	S005	培训部	女	高工	本科	6000
8	6	S066	事业部	男	高工	博士	7000
9	7	S071	销售部	男	工程师	硕士	5000
10	8	S008	培训部	男	工程师	本科	5000
11	9	S009	研发部	男	助工	本科	4000
12	10	S010	事业部	男	助工	本科	4000
13	11	S011	事业部	男	工程师	本科	5000
14	12	S012	研发部	男	工程师	博士	6000
15	13	S013	销售部	女	高工	本科	7000
16	14	S064	研发部	男	工程师	硕士	5000
17	15	S015	事业部	男	高工	本科	6500
18	16	S016	事业部	女	高工	硕士	6500
19	17	S077	销售部	男	高工	本科	6500
20	18	S018	销售部	男	工程师	本科	5000
21	19	S019	销售部	女	工程师	本科	5000
22	20	S020	事业部	女	高工	硕士	6500
23							

图 5-73　操作题 4

操作题操作步骤

1．选定 A1:D1 单元格区域，选择“开始/对齐方式”单击“合并居后中”按钮；选定 B3:B8 单元格区域，选择“开始/样式条件格式/突出显示单元格规则/其他规则”，打开“新建格式规则”，在“编辑规则说明”栏，依次设定“单元格值”、“大于或等于”、“30000”，单击“格式”，在弹出的“设置单元格格式”对话框，选择“字体”选项卡在“颜色”下拉列表宗选择“蓝色”，单击两次“确定”；选中 A2:D9 单元格区域，选择“开始/样式/套用表格格式”在弹出的下拉列表中，单击“表样式浅色 9”，弹出“套用表格式”对话框选中“表包含标题”复选框，单击“确定”；双击工作表标签，键入“销售表情况”。结果如图 5-74 所示。

	A	B	C	D
1	某汽车销售集团销售情况表			
2	分店	销售量（辆）	所占比例	销售量排名
3	第一分店	20345		
4	第二分店	25194		
5	第三分店	34645		
6	第四分店	19758		
7	第五分店	20089		
8	第六分店	32522		
9	总计			
10				
11				
12				
13				
14				

销售表情况　Sheet2　Sheet3

图 5-74　操作题 1 结果

2．选中 B3:B9 单元格区域，选择“开始/编辑”，单击“求和”按钮；选中 C3 单元格，在“编辑栏”输入“=B3/$B$9”按 Enter 键，选中 C3 单元格，选择“开始/数字”单击 ，弹出“设置单元格格式”对话框，“分类”选中“百分比”，“小数位数”键入“2”，单击“确定”，单击 C3 单元格，拖动填充柄至 C8；选中 C3 单元格，选择“公式/插入函数”在弹出的“插入函数”对话框中，“或选择类别”选中“全部”，“选择函数”选中“RANK”单击“确定”，在弹出“函数参数”对话框中，“Number”框输入“B3”，“Ref”框输入“$B$3:$B$8”，单击“确定”，单击 C3 单元格，拖动填充柄至 C8；选中 A2:D9 单元格区域，选择“开始/对齐方式”，单击“居中”按钮。结果如图 5-75 所示。

3．选中 A2:A8 单元格区域，再按住 Ctrl 键选中 C2:C8 单元格区域，选择“插入/图表/

饼图”在列表框中单击“分离型三维饼图”；选择“图表工具/布局/当前所选内容”，在下拉列表中选中“图表标题”，在图表标题文本框输入“销售情况统计图”；在下拉列表中，选中“图例”，选择“图表工具/布局/标签”，单击“图例”，在下拉列表中选中“在底部显示图例”；用鼠标调整图表大小，置于 A11:D12 单元格区域。结果如图 5-76 所示。

某汽车销售集团销售情况表			
分店	销售量（辆）	所占比例	销售量排名
第一分店	20345	13.34%	4
第二分店	25194	16.51%	3
第三分店	34645	22.71%	1
第四分店	19758	12.95%	6
第五分店	20089	13.17%	5
第六分店	32522	21.32%	2
总计	152553		

销售情况表 Sheet2 Sheet3

图 5-75 操作题 2 结果

某汽车销售集团销售情况表			
分店	销售量（辆）	所占比例	销售量排名
第一分店	20345	13.34%	4
第二分店	25194	16.51%	3
第三分店	34645	22.71%	1
第四分店	19758	12.95%	6
第五分店	20089	13.17%	5
第六分店	32522	21.32%	2
总计	152553		

销售情况表 Sheet2 Sheet3

图 5-76 操作题 3 结果

4．选中 A2:G22 单元格区域，选择“数据/排序和筛选”，单击“排序”，弹出“排序”

对话框，“主要关键字”选中“职称”，“次序”选中“升序”，单击“添加条件”，“次要关键字”选中“部门”，“次序”选中“降序”，单击“确定”；选择“数据/分级显示/分类汇总”弹出“分类汇总”对话框，“分类字段”选中“职称”，“汇总方式”选中“平均值”，汇总项为“基本工资”，勾选“汇总结果显示在数据下方”，单击“确定”。结果如图 5-77 所示。

5．（1）选定 A2:G22 单元格区域，选择“数据/排序和筛选”，单击“筛选”，启动筛选，单击“部门”下拉列表，选择“文本筛选/自定义筛选”，弹出“自定义自动筛选方式”对话框，“部门”中选中“等于”、“销售部”，单击“或”单选框，在“部门”下一排下拉列表中选中“等于”、“研发部”，单击“确定”。结果如图 5-78 所示。

某公司人员情况表						
序号	职工号	部门	性别	职称	学历	基本工资
17	S077	销售部	男	高工	本科	6500
1	S001	事业部	男	高工	本科	5000
6	S066	事业部	男	高工	博士	7000
13	S013	事业部	女	高工	本科	7000
15	S015	事业部	男	高工	本科	6500
16	S016	事业部	女	高工	硕士	6500
20	S020	事业部	女	高工	硕士	6500
5	S005	培训部	女	高工	本科	6000
				高工 平均值		6375
3	S053	研发部	女	工程师	硕士	5000
12	S012	研发部	男	工程师	博士	6000
14	S064	研发部	男	工程师	硕士	5000
7	S071	销售部	男	工程师	硕士	5000
18	S018	销售部	男	工程师	本科	5000
19	S019	销售部	女	工程师	本科	5000
2	S042	事业部	男	工程师	硕士	5500
4	S041	事业部	男	工程师	本科	5000
11	S011	事业部	男	工程师	本科	5000
8	S008	培训部	男	工程师	本科	5000
				工程师 平均值		5150
9	S009	研发部	男	助工	本科	4000
10	S010	事业部	男	助工	本科	4000
				助工 平均值		4000
				总计平均值		5525

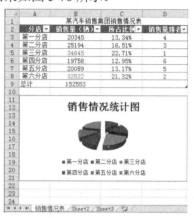

图 5-77 操作题 4 结果

◢	A	B	C	D	E	F	G
1			某公司人员情况表				
2	序号 ▼	职工号 ▼	部门 ▼	性别 ▼	职称 ▼	学历 ▼	基本工资 ▼
5	3	S053	研发部	女	工程师	硕士	5000
9	7	S071	销售部	男	工程师	硕士	5000
14	12	S012	研发部	男	工程师	博士	6000
16	14	S064	研发部	男	工程师	硕士	5000
23							

图 5-78   操作题 5 结果（1）

（2）选中 A2:G22 单元格区域，选择"插入/数据透视表"，弹出"创建数据透视表"对话框，在"选择放置数据透视表位置"中，单击"现有工作表"单选框，单击位置旁的 📧 按钮，选择 A24:G31 单元格区域，单击"确定"。将"职称"添加到列标签，将"部门"添加到行标签，"基本工资"添加到值，选择"数据透视表工具/选项/数据透视表/选项"，弹出"数据透视表选项"对话框，单击"显示"勾选"经典数据透视表布局"复选框，单击"确定"。选择选择"数据透视表工具/选项/活动字段/字段设置"，弹出在"值字段设置"对话框，在"计算类型"选中"平均值"，单击"数字格式"按钮，弹出"设置单元格格式"对话框，在"分类"中选中"数值"，"小数位数"输入"2"，单击"确定"。结果如图 5-79 所示。

24	平均值项:基本工资	职称 ▼			
25	部门 ▼	高工	工程师	助工	总计
26	培训部	6000.00	5000.00		5500.00
27	事业部	6300.00	5166.67	4000.00	5666.67
28	销售部	6750.00	5000.00		5700.00
29	研发部		5333.33	4000.00	5000.00
30	总计	6375.00	5150.00	4000.00	5525.00

图 5-79   操作题 5 结果（2）

5.10   实例操作演示

第 6 章　PowerPoint 2010 的使用

PowerPoint 2010 是一种直观的图形应用程序，主要用于创建演示文稿。利用 PowerPoint，您可以创建、查看和演示组合了文本、形状、图片、图形、动画、图表、视频等多种内容的幻灯片放映。为节省篇幅，以下 PowerPoint 2010 均简称为 PowerPoint。

通过本章学习，应掌握：

1. PowerPoint 2010 的基本概念和基本操作。
2. PowerPoint 2010 的几种视图及其应用。
3. 演示文稿的基本制作方法。
4. 演示文稿的主题的选用和背景设置。
5. 演示文稿的打包和打印。

6.1　PowerPoint 基础

6.1.1　启动与退出 PowerPoint

1. 启动 PowerPoint

启动 PowerPoint 有多种方法：

（1）单击"开始/所有程序/Microsoft Office/Microsoft PowerPoint 2010"命令。

（2）双击桌面上的 PowerPoint 图标。

（3）双击文件夹中的 PowerPoint 演示文稿文件（其扩展名为.pptx）。

启动后的 PowerPoint 窗口与其他 Windows 应用程序窗口类似，窗口中也有标题栏、菜单栏、工具栏等，中间部分为演示文稿编辑区。

2. 退出 PowerPoint

退出 PowerPoint 的最简单方法是单击 PowerPoint 窗口右上角的"关闭"按钮。也可以用下面任意一种方法退出：

（1）双击窗口标题栏左端的控制菜单图标。

（2）单击"文件/退出"命令。

（3）按组合键 Alt+F4。

6.1.2　PowerPoint 窗口

PowerPoint 窗口如图 6-1 所示，在窗口中有标题栏、快速访问工具栏、功能区、演示文稿编辑区（大纲窗格、幻灯片窗格和备注窗格）、状态栏等。

1．标题栏

标题栏显示当前演示文稿文件名，右端有"最小化"按钮、"最大化/还原"按钮和"关闭"按钮，标题栏的左端是自定义快速访问工具栏。

2．快速访问工具栏

标题栏左端是快速访问工具栏，用户可以根据需要自己设置需要显示的快速访问工具按钮。

3．功能区

功能区包含以前 PowerPoint 版本中的菜单和工具栏上的命令和其他菜单项。功能区旨在帮助用户快速找到完成某任务所需的命令。

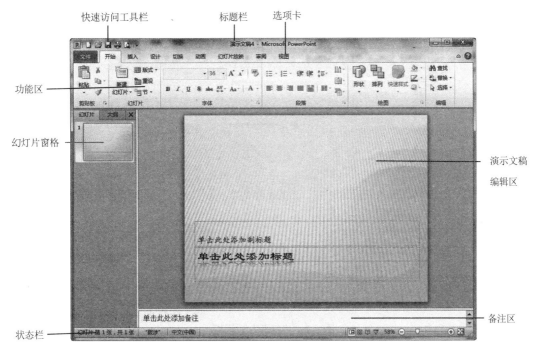

图 6-1 PowerPoint 2010 窗口

4．演示文稿编辑区

演示文稿编辑区分成三部分：幻灯片窗格、备注窗格和大纲窗格，拖动窗格之间的分界线可以调整各窗格的大小，以便满足编辑需要。

（1）幻灯片窗格

幻灯片窗格显示幻灯片的内容，包括文本及图片等对象。可以直接在该窗格编辑幻灯片内容。

（2）备注窗格

对幻灯片的解释、说明等备注信息在此窗格中输入与编辑。

（3）大纲窗格

大纲窗格可以用两种模式显示。选择大纲窗格上方的"幻灯片"选项卡，可以显示各幻灯片缩图。而在"大纲"选项卡中，可以显示各幻灯片的标题与正文信息。在幻灯片中编辑标题或正文信息时，大纲窗格也同步变化，反之亦然。

在"普通"视图下，这三个窗格同时显示在演示文稿编辑区，用户可以同时看到三个窗格的显示内容，有利于从不同角度编排演示文稿。

5．状态栏

状态栏位于窗口底部，主要显示当前幻灯片的序号、当前演示文稿所含幻灯片的总数和视图快捷方式和显示比例、缩放滑块等。

6.1.3 打开与退出演示文稿

1．打开演示文稿

对已经存在的演示文稿，若要编辑或放映，必须先打开它。打开演示文稿的方法：

（1）单击"文件"选项卡，然后单击"打开"按钮，弹出如图 6-2 所示对话框。

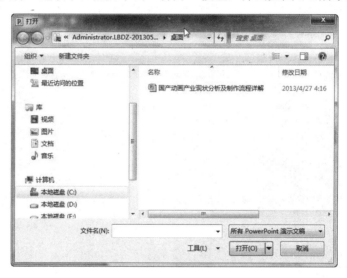

图 6-2 "打开"对话框

（2）在"打开"对话框的左窗格中，单击包含所需演示文稿的驱动器或文件夹。

（3）在"打开"对话框的右窗格中，打开包含该演示文稿的文件夹。

（4）单击该演示文稿，然后单击"打开"。

默认情况下，在"打开"对话框中仅显示 PowerPoint 演示文稿。若要查看其他文件类型，请单击"所有 PowerPoint 演示文稿"，然后选择要查看的文件类型。

2．退出演示文稿

完成了对演示文稿的编辑、保存或放映工作后，单击"文件/关闭"命令，即可退出该演示文稿。单击演示文稿的"关闭窗口"按钮也可以退出演示文稿。

6.1.4 PowerPoint 帮助功能

PowerPoint 联机帮助的使用方法与 Word、Excel 类似，不再赘述。

6.2 制作简单演示文稿

6.2.1 创建演示文稿

1. 单击"文件"选项卡，然后单击"新建"。打开"新建"对话框，如图 6-3 所示。

图 6-3 新建演示文稿

2. 在"可用的模板和主题"下，执行下列操作之一：

（1）单击"空白演示文稿"，然后单击"创建"。

（2）应用 PowerPoint 中的内置模板或主题，或者应用从 Office.com 下载的模板或主题。

在 PowerPoint 窗口右侧的可用的模板和主题中，列出了创建演示文稿的方式主要有：空白演示文稿、最近打开的模板、样本模板、主题、我的模板、根据现有内容新建以及可以从 Office.com 下载的模板。

使用空白演示文稿方式，可以打开一个没有任何设计方案和示例文本的空白演示文稿，根据自己的需要选择任何一种幻灯片版式，开始演示文稿的制作。

若要重新使用您最近使用过的模板，请单击"最近打开的模板"，单击所需模板，然后单击"创建"。

若要使用已安装的模板，请单击"我的模板"，选择所需的模板，然后单击"确定"。

若要使用随 PowerPoint 一起安装的内置模板，请单击"样本模板"，单击所需的模板，然后单击"创建"。

若要在 Office.com 上查找模板，请在"Office.com 模板"下单击相应的模板类别，选择所需的模板，然后单击"下载"将所需模板下载到计算机上。

6.2.2　编辑幻灯片中的文本信息

文本内容是演示文稿的基础。虽然图片、表格、多彩的背景等对演示文稿的播放增色不少，但表达实质内容的还是依靠幻灯片的文本。因此，掌握文本的输入、删除、插入、修改等编辑操作十分重要。

1．输入文本

可以向文本占位符、文本框和形状中添加文本。在占位符中单击，出现闪动的插入点，直接输入或粘贴所需文本即可。默认情况下，会自动换行，所以只有开始新段落时，才需要按 Enter 键。

除占位符外，若希望在其他位置增添文本，可以在适当位置插入文本框并在其中输入文本。方法是单击"插入"选项卡上的"文本"组中的"文本框"。鼠标指针呈十字状。然后将指针移到目标位置，按左键拖动出合适大小的文本框，在文本框中输入所需文本信息。

2．替换原有文本

选择要替换的文本，使其反相显示。按删除键，将其删除。然后再输入所需文本。也可以在选择要替换的文本后直接输入文本。

3．插入与删除文本

（1）插入文本

单击插入位置，然后输入要插入的文本，新文本将插到当前插入点位置。

（2）删除文本

选择要删除的文本，使其反白显示，然后按删除键。

4．添加、复制或删除文本框

（1）添加文本框

在"插入"选项卡上的"文本"组中，单击"文本框"，如图 6-4 所示。

图 6-4　插入文本框

在演示文稿中单击，然后拖动鼠标来绘制所需大小的文本框。若要向文本框中添加文本，请在文本框中单击，然后输入或粘贴文本。

（2）复制文本框

单击要复制的文本框的边框。在"开始"选项卡上的"剪贴板"组中单击"复制"。请确保指针不在文本框内部，而在文本框的边框上。然后单击"粘贴"按钮。

（3）删除文本框

单击要删除的文本框的边框，然后按 Delete 键。同样确保鼠标指针不在文本框的内部。

5．改变文本框的大小

文本框对其中文字限制的是左右边框，当文本到达右边框时，将自动转到下一行。若文本到达文本框的右下角时，下边框会自动向下移动一行。

改变文本框大小的方法：单击文本框，鼠标指针移到边框上的控点，出现双向箭头，按箭头方向拖动即可。

6.2.3 在演示文稿中添加和删除幻灯片

创建演示文稿时，当一张幻灯片完成后，还需要继续产生下一张幻灯片，此时需要增加一张新幻灯片。在已经存在的演示文稿中有时需要增加若干幻灯片以加强某个观点的表达，而对某些不再需要的幻灯片则希望删除它。因此，必须掌握增加或删除幻灯片的方法。

1. 插入幻灯片

向演示文稿中添加幻灯片时，同时执行下列操作可以选择新幻灯片的布局：

（1）在普通视图中包含"大纲"和"幻灯片"选项卡的窗格上，单击"幻灯片"选项卡，然后在要添加幻灯片的下面单击。

（2）在"开始"选项卡上的"幻灯片"组中，单击"新建幻灯片"旁边的箭头，如图 6-5 所示。如果你希望新幻灯片具有对应幻灯片以前具有的相同的布局，只需单击"新建幻灯片"即可而不必单击旁边的箭头。

图 6-5 插入幻灯片

（3）单击新幻灯片所需的布局。

如果你希望创建两个或多个内容和布局都类似的幻灯片，则可以通过创建一个具有两个幻灯片都共享的所有格式和内容的幻灯片，然后复制该幻灯片来保存工作，最后向每个幻灯片单独添加最终的风格。

2. 删除幻灯片

在普通视图中包含"大纲"和"幻灯片"选项卡的窗格上，单击"幻灯片"选项卡，右键单击要删除的幻灯片，然后单击"删除幻灯片"。

6.2.4 保存演示文稿

与使用任何软件程序一样，创建好演示文稿后，最好立即为其命名并加以保存，并在工作中经常保存所做的更改。步骤如下：

（1）单击"文件"选项卡。

（2）单击"另存为"，然后执行下列操作之一：

■ 对于只能在 PowerPoint 2010 或 PowerPoint 2007 中打开的演示文稿，请在"保存类型"列表中选择"PowerPoint 演示文稿(*.pptx)"。

■ 对于可在 PowerPoint 2010 或早期版本的 PowerPoint 中打开的演示文稿，请选择"PowerPoint 97-2003 演示文稿(*.ppt)"。

（3）在"另存为"对话框的左侧窗格中，单击要保存演示文稿的文件夹或其他位置。

（4）在"文件名"框中，键入演示文稿的名称，或者不键入文件名而是接受默认文件名，然后单击"保存"。

从现在起，您可以按 Ctrl+S 或单击屏幕顶部附近的"保存" 🔲 随时快速保存演示文稿。

6.2.5 打印演示文稿

若需要打印已经完成的演示文稿，可以采用如下步骤：

（1）打开演示文稿，单击"文件"选项卡，然后单击"打印"，如图 6-6 所示。

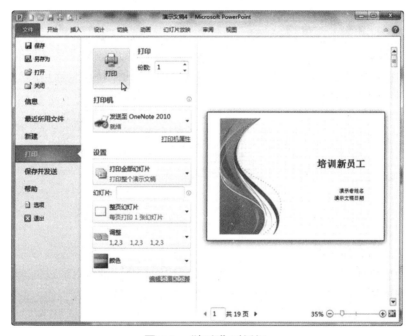

图 6-6 "打印"对话框

在"打印"选项卡上，默认打印机的属性自动显示在第一部分中，演示文稿的预览自动显示在第二部分中。

（2）如果打印机的属性及演示文稿均符合要求，请单击"打印"。

（3）在"打印"栏中可以输入打印份数；在"打印机"栏中选择当前要使用的打印机。

从"设置"栏开始从上到下可以分别设置打印范围、打印版式、打印顺序和彩色/灰度打印等。纸张的大小等信息可以通过单击"打印机属性"按钮来设置。

6.3 演示文稿的显示视图

PowerPoint 可以提供多种显示演示文稿的方式，从而从不同角度有效管理演示文稿，这些显示演示文稿的不同方式称为视图。PowerPoint 中有 4 种演示文稿视图："普通"视图、"幻灯片浏览"视图、"阅读"视图和"备注页"视图。采用不同的视图会为某些操作带来方便，例如，在"幻灯片浏览"视图下移动多张幻灯片非常方便，而"普通"视图更适合编辑幻灯片内容。

切换视图的方法有两种：

（1）在"视图"选项卡上的"演示文稿视图"组中选择所需的视图。

（2）在窗口底部的状态栏中，自定义显示"视图快捷方式"，然后快速选择所需的视图。如图 6-7 所示。单击所需的视图按钮就可以切换到相应的视图。

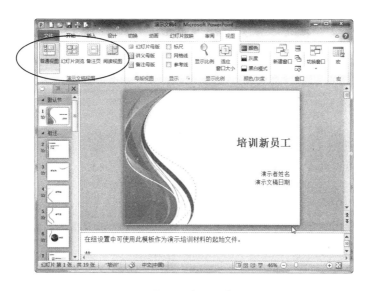

图 6-7 视图切换

6.3.1 视图

1．"普通"视图

"普通"视图是主要的编辑视图，也是创建演示文稿的默认视图。在"普通"视图下，可以同时显示演示文稿的幻灯片、幻灯片缩图（或大纲）和备注内容，如图 6-8 所示，左侧为幻灯片缩图（或大纲），右侧上面是幻灯片，右侧下面是备注部分。其中，左侧可以显示幻灯片缩图，也可以显示大纲，这取决于该部分上面的"幻灯片"和"大纲"选项卡。图 6-8 所示的是选择"幻灯片"选项卡后显示幻灯片缩图的情形。

一般地，"普通"视图幻灯片部分面积较大，但显示的三部分大小是可以调节的，方法是拖动两部分之间的分界线即可。若将窗口调节成只显示幻灯片部分，幻灯片上的细节一览无余，最适合编辑幻灯片，如插入对象、修改文本等。

2．"幻灯片浏览"视图

在"幻灯片浏览"视图中，以幻灯片缩略图方式显示。通过此视图，您在创建演示文稿以及准备打印演示文稿时，将可以轻松地对演示文稿的顺序进行排列和组织。如图 6-9 所示。

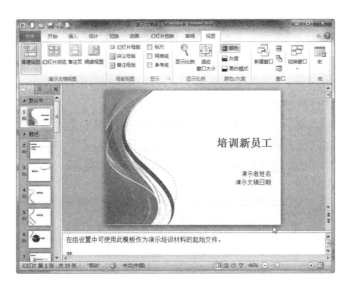

图 6-8　"普通"视图

3．"备注页"视图

选"视图/备注页"命令，进入"备注页"视图。在此视图下显示一张幻灯片及其备注页。用户可以输入或编辑备注页的内容。如图 6-10 所示。

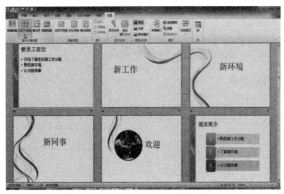

图 6-9　"幻灯片浏览"视图

图 6-10　"备注页"视图

4．"阅读"视图

如果您希望在一个设有简单控件以方便审阅的窗口中查看演示文稿，而不想使用全屏的幻灯片放映视图，则也可以在自己的计算机上使用阅读视图。如果要更改演示文稿，可随时从阅读视图切换至某个其他视图。

5．"幻灯片放映"视图

幻灯片创建者通常会采用各种动画方案、放映方式和幻灯片切换方式，以提高放映效果。在"幻灯片放映"视图下不能对幻灯片进行编辑，如果不满意幻灯片效果，必须切换到"普通"等其他视图下进行编辑修改。

只有切换到"幻灯片放映"视图，才能全屏放映演示文稿。在"幻灯片放映"选项卡中单击"开始放映幻灯片"组中的"从头开始"按钮，就可以从演示文稿的第一张幻灯片开始放映，也可以选择"从当前幻灯片开始"命令。另外，单击窗口底部的"幻灯片放映"视图按钮，也可以从当前幻灯片开始放映。

6.3.2 "普通"视图下的操作

在"普通"视图下，主要区域用于显示单张幻灯片，因此适合对幻灯片上的对象（文本、图片、声音等）进行编辑。主要操作有选择、移动、复制、插入、删除、缩放（对图片对象）以及设置文本格式和对齐方式等。

1．选择操作

要对某个对象进行操作，首先要选中它。方法是将鼠标指针移动到对象上，当指针呈十字箭头时，单击该对象即可。选中后，该对象周围出现控点（小圆圈）。若要选择文本对象中的某些文字，单击文本对象，其周围出现控点后再在目标文字上拖动，使之反白显示。

2．移动和复制操作

首先选择要移动（复制）的对象，然后鼠标指针移到该对象上并（按住 Ctrl 键）把它拖到目标位置，就可以实现移动（复制）操作。当然，也可以采用剪切（复制）和粘贴的方法实现。

3．删除操作

选择要删除的对象，然后按删除键。也可以采用剪切方法，即选择要删除的对象后单击"剪切"工具按钮。

4．改变对象的大小

当对象（如图片）的大小不合适时，可以先选择该对象，当其周围出现控点（小圆圈）时，将鼠标指针移到边框的控点上并拖动，拖动左右（上下）边框的控点可以在水平（垂直）方向缩放。若拖动四角之一的控点，会在水平和垂直两个方向同时进行缩放。

5．编辑文本对象

选择一种版式后，该幻灯片上出现占位符。用户单击文本占位符并输入文本信息即可。

若要在已有幻灯片上另外增加文本对象，可以使用"插入"选项卡中，文本组中的"文本框"按钮（有横排和竖排两种），如图 6-11 所示。单击"插入"选项卡，选择文本组中的"文本框"按钮，鼠标指针呈十字形，指针移到目标位置，按左键向右下方拖动出合适大小的文本框，然后在其中输入文本信息。这个文本框可以进行移动、复制和删除操作。

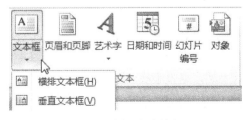

图 6-11 插入文本按钮

若要对已经存在的文本框中的文字信息进行编辑，先选中该文本框，然后单击插入位置并输入文本，即可插入信息；若要删除信息，则先选择要删除的文本，然后按删除键。

6．调整文本格式

（1）字体、字号、字形和字体颜色

字体、字号、字形和字体颜色可以通过"开始"选项卡中的"字体"组中的功能按钮来设置。选择文本后，单击"开始"选项卡，在出现的"字体"组中分别设置，如图 6-12 所示。

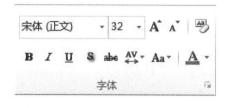

图 6-12　"字体"设置

（2）文本对齐

要改变文本的段落格式，文本有多种对齐方式，如左对齐、右对齐、居中和分散对齐等。若要改变文本的对齐方式，可以先选择文本，然后单击"开始"，在"段落"组中选择所需的文本排版方式。如图 6-13 所示。

图 6-13　"段落"设置

6.3.3　"幻灯片浏览"视图下的操作

因为"幻灯片浏览"视图可以同时显示多张幻灯片的缩图，因此便于进行重排幻灯片的顺序，移动、复制、插入和删除多张幻灯片等操作。

1．选择幻灯片

若要编辑某张幻灯片，必须使其成为当前幻灯片。在"普通"视图下，可以逐页查看，但效率太低。在左侧的大纲窗格中可以显示多张幻灯片缩图，按 PgUp 或 PgDn 键或拖动滚动条方式可以较快地找到该幻灯片。

在"幻灯片浏览"视图下，窗口中以缩略图方式显示全部幻灯片，而且缩略图的大小可以调节。因此，可以同时看到比大纲窗格更多的幻灯片缩略图，如果幻灯片不多，甚至可以显示全部幻灯片缩图，一目了然，尽收眼底。因此可以快速找到目标幻灯片。

选择幻灯片的方法如下：

（1）单击"视图"选项卡，选择"幻灯片浏览视图"按钮，进入"幻灯片浏览"视图。如图 6-14（a）所示。

（2）利用滚动条或 PgUp 或 PgDn 键滚动屏幕，寻找目标幻灯片缩图。单击目标幻灯片缩略图，该幻灯片的四周显示边框，表示选中该幻灯片，如图 6-14（a）所示，3 号幻灯片被选中。

若想选择连续多张幻灯片，可以先单击其中第一张幻灯片缩图，然后按住 Shift 键单击其中的最后一张幻灯片缩图，则这些连续的多张幻灯片均出现黑框，表示它们均被选中。若想选择不连续的多张幻灯片，可以按住 Ctrl 键并逐个单击要选择的幻灯片缩图。

2．缩放幻灯片缩略图

在"幻灯片浏览"视图下，可以通过底部状态栏中的"显示比例"和"缩放滑块"来确定幻灯片缩略图的大小。

如图 6-14（b）所示。在"显示比例"对话框中选择合适的显示比例（如 33% 或 50% 等）。也可以自己定义显示比例。方法是在"百分比"栏中直接输入比例或单击上下箭头选取合适的比例。

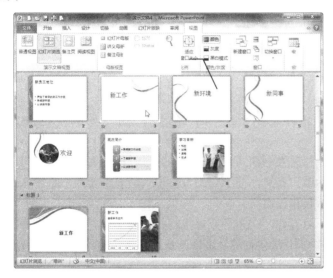

（a）"幻灯片浏览"视图   （b）"显示比例"对话框

图 6-14 选择幻灯片操作

3．重排幻灯片的顺序

演示文稿中的幻灯片有时要调整位置，按新的顺序排列。因此需要向前或向后移动幻灯片。其方法如下：

方法 1：在"幻灯片浏览"视图下选择需要移动位置的幻灯片缩图（一张或多张幻灯片缩图）。按鼠标左键拖动幻灯片缩图到目标位置，当目标位置出现一条竖线时，松开左键。所选幻灯片缩图移到该位置。移动时出现的竖线表示当前位置。

方法 2：采用剪切/粘贴方式。选择需要移动位置的幻灯片缩图，单击"剪切"工具按钮。单击目标位置，该位置出现竖线。单击"粘贴"工具按钮，则所选幻灯片移到 10 号幻灯片后面。

4．插入幻灯片

在幻灯片"浏览"视图下单击目标位置，该位置出现插入符。单击"开始"选项卡"幻灯片"组中的"新建幻灯片"命令，在出现的列表中选择"重用幻灯片"命令。右侧出现"重用幻灯片"窗格。单击"浏览"按钮，并选择"浏览文件"命令。在出现的"浏览"对话框中选择要插入幻灯片所属的演示文稿并单击"打开"按钮。单击某幻灯片，则该幻灯片插入到当前演示文稿的插入位置。

另外，还可以采用复制／粘贴的方式插入其他演示文稿的幻灯片。

5．删除幻灯片

在创建演示文稿的过程中，用户总是不断地插入新幻灯片，有时也会删除某些不需要的幻灯片。在"幻灯片浏览"视图下，可以方便地删除一张或多张幻灯片。删除幻灯片的方法是：首先选择要删除的一张或多张幻灯片，然后按删除键。

6.3.4　大纲模式下的操作

选择演示文稿窗口左侧窗格的"大纲"选项卡，进入大纲模式。将"大纲"窗格放大，此时可以显示各幻灯片的标题与正文信息，但不能显示图形，因此适合编辑演示文稿的文本内容。

在大纲模式中，大纲由每张幻灯片的标题和正文组成，标题左侧显示幻灯片的编号和图标，正文在标题的下面。如图 6-15 所示，"大纲"窗格底部的数字 2、图标和"新员工定位"表示 2 号幻灯片，其标题是"新员工定位"。下面的"开始了解您的新工作分配"是 2号幻灯片的正文。

在制作演示文稿的开始阶段，利用大纲模式可以集中精力进行演示文稿的文字组织。因为工作时可以看见屏幕上所有的标题和正文，便于在幻灯片中重新安排要点，将整张幻灯片从一处移动到另一处，或者编辑标题和正文等。

大纲模式下主要有文本的展开与折叠、文本行或整张幻灯片的移动、文本的升降级等操作。如图 6-15 所示，在左侧窗格中单击鼠标右键，出现的快捷菜单中有这些操作命令。

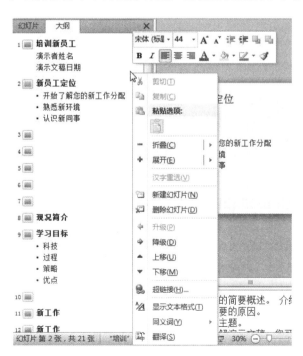

图 6-15　大纲模式中的操作

1. 文本的升级与降级

在编排演示文稿的文本时，有时需要将小标题升为大标题或将大标题降为小标题，甚至把正文升为小标题或把小标题降为正文。例如，图 6-15 中的 2 号幻灯片的标题是"新员工定位"，若要使其降级为正文，则选中该标题，然后单击鼠标右键，在快捷菜单中选择"降级"按钮，则前面的 2 号幻灯片编号和图标消失了，该标题成为正文。

2. 文本的展开与折叠

幻灯片中包含标题和正文，如果想在屏幕上浏览尽可能多的幻灯片标题时，当然不希望显示幻灯片的正文，以免占用过多的屏幕显示空间；如果想仔细查看某张幻灯片的正文细节，则只显示该幻灯片的标题和正文，其他幻灯片只显示标题就足矣。在大纲模式下，可以随心所欲地显示幻灯片的标题与正文。只显示标题称为"折叠"，而"展开"则表示标题和正文均显示。

展开或折叠幻灯片的两种方法：

方法 1：选择要展开或折叠的幻灯片（方法是单击该幻灯片的图标或编号），然后单击快捷菜单中的"展开"或"折叠"工具按钮。如图 6-15 所示。

方法 2：双击目标幻灯片的图标，能使该幻灯片在展开和折叠之间切换。若双击图标前是展开状态，双击后进入折叠状态。反之，则由折叠状态进入展开状态。

若想展开或折叠演示文稿的全部幻灯片，则直接单击"展开"或"折叠"菜单中的"全部展开"或"全部折叠"按钮。

3. 移动文本行（幻灯片）

对选中的文本行，单击"上移"或"下移"按钮，可使该文本行上移或下移一行；若选择的是整张幻灯片，则单击"上移"或"下移"按钮，可使该幻灯片移到前一张幻灯片之前或后一张幻灯片之后。

6.4 修饰幻灯片的外观

演示文稿中各幻灯片的内容一般不相同，但有些内容可能相同。例如，希望每张幻灯片的相同位置均出现作者的姓名或公司的徽标等。如果在编辑每张幻灯片时均重复输入这些内容，既麻烦又没有必要。这时可以编辑幻灯片的母版，使母版上出现这些共同内容，则所有幻灯片就会出现这些内容。因此，使用幻灯片母版，可以使所有幻灯片具有一致的外观。控制幻灯片外观还可以采用调整配色方案和应用设计模板等方法。

6.4.1 用母版统一幻灯片的外观

PowerPoint 中有一类特殊的幻灯片，称之为母版。母版有幻灯片母版、讲义母版和备注母版三种。其中幻灯片母版包括标题母版和幻灯片母版。标题母版控制版式为标题的幻灯片属性，而幻灯片母版控制其他类型幻灯片的共同特征，如文本格式（字体、字号、颜色等）、图片、幻灯片背景及某些特殊效果。因此，幻灯片母版上的内容一定会出现在除标题幻灯片外的所有幻灯片上。

如果要修改全部幻灯片的外观，例如希望每张幻灯片上均出现演示文稿制作日期

"2013-3-15"，则不必逐张幻灯片加入日期，而只需在幻灯片母版的日期区输入日期即可。PowerPoint 将自动更新已有或新建的的幻灯片，使所有的幻灯片的相同位置均出现日期"2013-3-15"；若希望所有幻灯片的左上角均出现公司徽标，只需在幻灯片母版的左上角插入公司徽标即可。

1．为每张幻灯片增加相同的对象

由于幻灯片母版上的对象将出现在每张幻灯片的相同位置上，所以，如果要让文本或图形（如公司名称或徽标）出现在每张幻灯片相同位置上，最好的方法是把文本或图形添加到幻灯片母版上。

下面以插入剪贴画为例说明如何在幻灯片母版上增加对象，使每张幻灯片的相同位置均出现该对象。

（1）单击"视图"，选择母版中的"幻灯片母版"命令，出现该演示文稿的幻灯片母版。如图 6-16 所示。

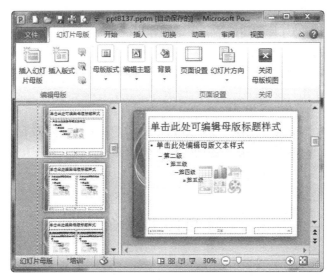

图 6-16　幻灯片母版

（2）单击"插入"选项卡，选择图像中的"剪贴画"命令出现"剪贴画"任务窗格，如图 6-17 所示。

（3）在"搜索文字"框中可以输入剪贴画中包含的文字，在"结果类型"栏中选择图片类型（如：插图）。然后单击"搜索"按钮，下方显示搜索到的该类剪贴画。如图 6-17 所示。

（4）单击选中的剪贴画（或右击选中的剪贴画，在出现的快捷菜单中选择"插入"命令），则该剪贴画插入到幻灯片母版，调整剪贴画大小并将其拖到合适位置。

（5）单击如图 6-16 所示的"关闭母版视图"按钮，退出幻灯片母版。可以看到所有幻灯片的相同位置均出现了刚插入的剪贴画。

用同样的方法，还可以在母版上增加页脚信息，使基于该母版的所有幻灯片上均出现该页脚信息。例如，选择"插入"选项卡，"文本"中的"页眉和页脚"命令，出现"页眉和页脚"对话框，如图 6-18 所示。输入演示文稿的制作日期"2013-3-15"和页脚文本"南开大学"，然后单击"全部应用"按钮。关闭母版，则所有幻灯片的页脚均出现日期"2013-3-15"和"南开大学"文本。

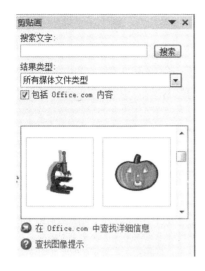

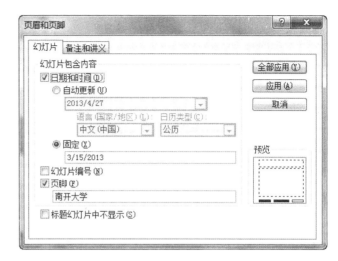

图 6-17 "剪贴画"任务窗格   图 6-18 "页眉和页脚"对话框

2. 建立与母版不同的幻灯片

如果在所有幻灯片中有个别幻灯片与母版并不一致，例如，有一张幻灯片不需要母版确定的制作日期或公司徽标，或在原公司徽标处出现另一图片等。为使该幻灯片与母版不同，具有独特的样式。可以这样做：

（1）定位到将不同于母版信息的目标幻灯片。

（2）单击"设计"选项卡，在"背景"中选择"隐藏背景图形"复选框，如图 6-19 所示。

（3）在"背景"对话框中选中"忽略母版的背景图形"复选框，使其前出现"√"，然后单击"应用"按钮。则当前幻灯片上的母版信息被清除（如公司徽标、制作日期等母版信息）。

图 6-19 "背景"功能区

6.4.2 幻灯片配色方案和背景的设置

"背景样式"预定义两个类型的标准配色方案，一类是浅颜色的，一类是深颜色的。这些标准配色方案通常能使幻灯片上各种对象具有和谐的颜色。因此，要使自己创建的幻灯片丰富多彩，最简单的方法就是选用 PowerPoint 提供的标准配色方案。若这些配色方案并不完全令人满意，也可以在某个配色方案的基础上进行修改，自定义所需的配色方案。

幻灯片的背景对幻灯片放映的效果起重要作用，为此，可以对幻灯片背景的颜色、图案和纹理等进行调整，甚至用特定图片作为幻灯片背景，来达到期望的效果。

1. 设置配色方案

1）选用标准配色方案

演示文稿完成后，若对当前所有幻灯片或其中几张幻灯片配色不满意，可以在系统提供的其他几种标准配色方案中选择一种，既可以应用在全体幻灯片上，也可以仅应用于个别几张幻灯片上。具体方法如下：

（1）单击要为其添加背景色的幻灯片。在"普通"视图下单击"设计"选项卡，单击"背景"右侧的下拉箭头，打开"设置背景格式"对话框。

（2）单击左侧的"填充"选项，单击"纯色填充"出现"填充"的列表，如图6-20所示。

（3）单击"颜色"，然后单击所需的颜色。选择"全部应用"命令，则全体幻灯片均采用所选配色方案，若只想改变当前幻灯片的配色方案，则单击"关闭"命令，如图6-20所示。

图 6-20 "设置背景格式"任务窗格

2）自定义配色方案

虽然 PowerPoint 提供了多种配色方案，但在某种场合下，这些配色方案效果不一定好，或者某种配色方案虽然基本满意，但个别色彩不尽如人意。因此，需要对配色方案进行修改，以适合需要。修改配色方案的方法如下：

（1）在"设置背景格式"对话框中，单击"填充颜色"中的"颜色"按钮，打开颜色对话框，自己设定所需的颜色。如图6-21所示。

（2）单击下方的"其他颜色"选项，出现"颜色"对话框，如图6-22所示。

对话框中有"标准"和"自定义"两个选项卡，如图6-22所示。可以在"标准"选项卡中直接单击所需的颜色，也可以在"自定义"选项卡"颜色"栏中拖动十字形光标选择颜该色，拖动十字光标可以改变颜色的色彩和浓度，拖动右侧的三角可以改变所选颜色的亮度，拖动时观察"新增"栏颜色与"当前"栏颜色的对比变化，直到满意为止。在拖动十字光标

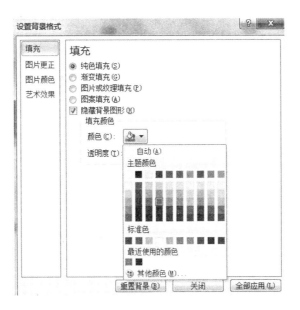

图 6-21　"设置背景格式"对话框的颜色设置

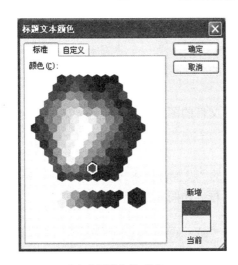

（a）"标准"选项卡

（b）"自定义"选项卡

图 6-22　"颜色"对话框

时，下面的"红色"、"绿色"、"蓝色"三个框内的数字也同步变化。因此，也可以通过直接在这三个框内输入适当数字来自定义颜色。满意后单击"确定"按钮。

（3）最后，单击"关闭"按钮或"全部应用"按钮，完成当前配色方案的修改。

2．设置背景样式

如果对幻灯片背景不满意，可以重新设置幻灯片的背景，还可以通过改变背景颜色和增强背景填充效果（颜色渐变、纹理、图案或图片）的方法来美化幻灯片的背景。

（1）采用颜色渐变方式定义背景

①单击"设计"选项卡中"背景"组中的"设置背景格式"命令，在弹出的对话框中单击"填充"，并选择"渐变填充"项。

②可以自定义渐变的颜色、渐变类型、渐变光圈、亮度和透明度等，如图 6-23 所示。

③单击"关闭"或"全部应用"按钮。

图 6-23　渐变填充

（2）采用图片或纹理填充方式定义背景

①单击"设计/设置背景格式"命令，在弹出的"设置背景格式"对话框中单击"填充"，并选择"图片或纹理填充"项。

②可以选择不同的纹理类型，或者选择来自文件的图片和剪贴画等，如图 6-24 所示。

③单击"关闭"或"全部应用"按钮。

（3）采用图案填充方式定义背景

①单击"设计/设置背景格式"命令，在弹出的"设置背景格式"对话框中单击"填充"，并选择"团案填充"项，出现"填充效果"对话框。如图 6-25 所示。

图 6-24　图片或纹理填充

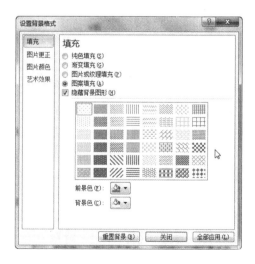

图 6-25　图案填充

②单击"图案"栏中所需图案。通过"前景色"和"背景色"可以自定义图案的前景色和背景色。

③单击"关闭"或"全部应用"按钮。

6.4.3 应用设计模板

PowerPoint 提供了许多精美的设计模板，它们包含预定义的各种格式和配色方案，用户可以从中挑选中意的设计模板，并应用到自己的演示文稿中，以美化演示文稿的外观。如果这些设计模板均不完全令人满意，但某些模板与用户的要求比较接近，可以对这些模板略加修改，就能适合用户的需要，避免了重新定义演示文稿设计模板之苦。当然，也可以从空白演示文稿出发，自主设计完全独特的外观。如果对已创建演示文稿的独特外观十分满意，还可以在此基础上建立新模板并保存，以备以后随时使用。

1．使用设计模板

用户可以直接使用 PowerPoint 提供的设计模板，既可用于创建新演示文稿，也能应用于已经存在的演示文稿。

（1）使用设计模板创建新演示文稿

利用 PowerPoint 提供的设计模板创建新演示文稿的方法在 6.2 节中已经详细叙述，这里不再重复。

（2）将设计模板应用于已经存在的演示文稿

若对演示文稿当前设计模板不满意，可以选择中意的设计模板并应用到该演示文稿。

①打开演示文稿，在普通视图下，单击"幻灯片"选项卡。

②单击"开始"选项卡上的"幻灯片"组中的"幻灯片版式"，然后选择所需的版式，如图 6-26 所示。

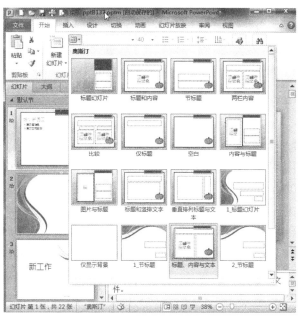

图 6-26 幻灯片版式

2．修改设计模板

若 PowerPoint 提供的设计模板中没有完全符合自己需要的设计模板。用户可以从空白演示文稿出发，创建全新模板，也可以在现有的设计模板中选择一个比较接近自己需求的模板，并加以修改，以创建符合要求的新设计模板。修改可以在幻灯片母版中进行。

（1）打开或新建一个演示文稿（其设计模板接近所需式样）。

（2）单击"视图/幻灯片母版"命令，出现该演示文稿的幻灯片母版。

（3）单击幻灯片母版中要修改的区域并进行修改（如：单击标题文本，修改其字体、字号、颜色等），改变背景，也可以添加幻灯片共有的文本或图片等。

（4）若要添加占位符，则单击"插入占位符"，然后从列表中选择一种类型。如图 6-27 所示。单击版式上的某个位置，然后拖动鼠标绘制占位符。然后退出幻灯片母版。修改后的母版样式将应用到整个演示文稿。

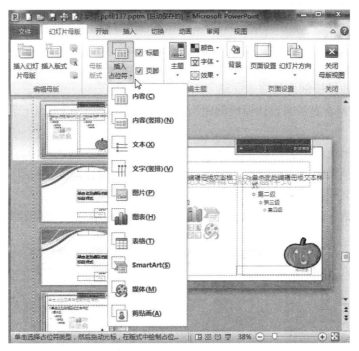

图 6-27 修改模板

3．建立自己的模板

如果用户经常使用某种固定模板创建演示文稿，而现有的设计模板不完全符合要求，用户可以利用上面介绍的方法修改某个设计模板，使之适合需要。如果以后希望按同样要求创建演示文稿，则不得不重新修改模板。若将修改好的设计模板保存为新模板，则可以避免每次创建该类演示文稿时均要重复修改模板。可以用如下方法创建具有自己风格的新模板。

（1）打开或新建演示文稿（最好是接近所需格式的模板），按上述方法修改设计模板，使之符合需要。

（2）单击"文件/另存为"命令，出现"另存为"对话框。

（3）在"保存类型"框选择"PowerPoint 模板"；在"文件名"框中输入新模板的文件名（如："培训新员工"）。然后单击"保存"按钮。新模板将存放在 Templates 文件夹中。关闭母版视图。如图 6-28 所示。

图 6-28 保存模板

至此，一个用户自己的新模板创建完毕。以后可以利用该模板创建自己风格的演示文稿。选择"文件/新建"命令，在出现的"可用模板和主题"任务窗格中单击"我的模板"，出现"新建演示文稿"对话框，在"个人模板"选项卡中将看到用户刚建立的新模板："培训新员工"。选择它，右侧出现该模板的预览图，如图 6-29 所示。单击"确定"按钮，则新建演示文稿将采用该模板。

图 6-29 "新建演示文稿"对话框

6.5 添加图形、表格和艺术字

PowerPoint 演示文稿中不仅包含文本，还可以包含各类图形，系统提供了绘制线条、基本形状、流程图、标注等自选图形的方法。这里以线条、矩形和椭圆为例，说明自选图形的绘制、移动（复制）和格式化的基本方法，其他自选图形的用法与 Word 类似，不再赘述。对文本，可以用"艺术字"工具使文本具有特殊效果，可以改变艺术字的形状、大小、颜色和变形幅度，还可以旋转、缩放艺术字等。这些功能可以通过"艺术字"工具栏中的工具来实现。

6.5.1 绘制基本图形

1．绘制直线

单击"插入"选项卡，选择"插图"组中"形状"按钮。鼠标指针呈十字形。鼠标指针移到幻灯片上直线开始点，按鼠标左键拖动到直线终点，一条直线出现在幻灯片上。

若按住 Shift 键可以画特定方向的直线，例如水平线和垂直线。选择矩形或椭圆后，如图 6-30 所示。

若按住 Ctrl 键拖动，则以开始点为中心，直线向两个相反方向延伸。

若选择"箭头"按钮，则按以上步骤可以绘制带箭头的直线。

单击直线，直线两端出现控点。鼠标指针移到直线的一个控点，鼠标指针变成双向箭头，拖动这个控点，就可以改变直线的长度和方向。

鼠标指针移到直线上，鼠标指针呈十字形，（按住 Ctrl 键）拖动鼠标就可以移动（复制）直线。

2．绘制矩形（椭圆）

（1）单击"绘图"工具栏的"矩形"（"椭圆"）按钮。鼠标指针呈十字形。

（2）鼠标指针移到幻灯片上某点，按鼠标左键可拖出一个矩形（椭圆）。向不同方向拖动，绘制的矩形（椭圆）也不同。如图 6-30 所示。

（3）鼠标指针移到矩形（椭圆）周围的控点上，鼠标指针变成双向箭头，拖动控点，就可以改变矩形（椭圆）的大小和形状。拖动绿色控点，可以旋转矩形（椭圆）。

若按 Shift 键拖动鼠标可以画出标准正圆（标准正方形）。

3．向图形添加文本

有时希望在绘出的封闭图形中增加文字信息。选中图形（单击它，使之周围出现控点）后直接输入所需的文本即可。

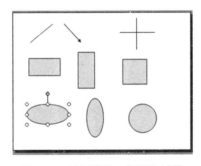

图 6-30　绘制直线、矩形和椭圆

6.5.2 移动（复制）图形

移动和复制图形的操作是类似的（以下括号内的操作是针对复制图形的），其步骤如下：

（1）单击要移动（复制）的图形，其周围出现控点，表示选中。

（2）鼠标指针移到图形边框上，若图形内部有填充颜色，则指针移到图形边框或内部，使鼠标指针变成十字箭头形状。（按 Ctrl 键）拖动鼠标到目标位置，可将该图形复制到目标位置。

6.5.3 组合图形

有时需要将几个图形作为整体进行移动、复制或改变大小。把多个图形组合成一个图形，称为图形的组合，将组合图形恢复为组合前状态，称为取消组合。

组合多个图形的方法：

（1）选择要组合的各图形，即按住 Shift 键并依次单击要组合的每个图形，使每个图形周围出现控点。

（2）单击"格式"选项卡中"排列"组中的"组合"按钮，并在出现的菜单中选择"组合"命令。

此时，这些图形已经成为一个整体。如图 6-31 所示，上方是两个独立图形，下方是这两个独立图形的组合。它可以作为一个整体进行移动、复制和改变大小等操作。

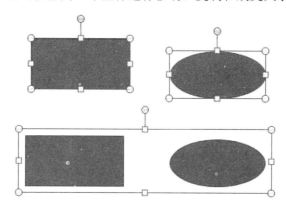

图 6-31 组合图形

如果想取消组合，则首先选中组合图形，然后再单击"排列"中的"组合"按钮，并在出现的菜单中选择"取消组合"命令。此时，组合图形又恢复为组合前的几个独立图形。

6.5.4 格式化图形

1. 绘图线型及其颜色

绘图时，直线或图形的边框线可以采用多种多样的线条，如实线或虚线、粗线或细线等，而且线条的颜色也是可选的。可以采用"格式"选项卡中"绘图"组中的"快速样式"命令（也可以利用"绘图"组中的"形状填充"按钮和"形状轮廓"、"形状效果"按钮）进行格式化，其操作如下：

选中图形，然后单击"形状填充"命令，选择图形内的填充颜色和图案；单击"形状轮廓"命令，选择合适的线型（实线或虚线、线条粗细）和线条颜色，如果是带箭头的线条，还可以在"箭头"栏设置箭头的形状和大小。单击"形状效果"命令，选择不同的效果。如图 6-32 所示。

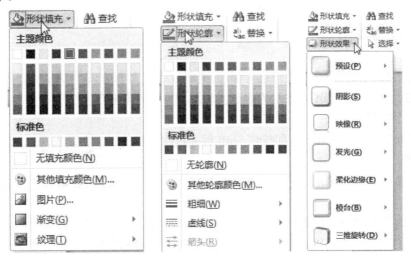

图 6-32 图形样式的三种自定义模式

6.5.5 插入表格

表格是应用十分广泛的工具，在演示文稿中，为使数据表达简单、直观且一目了然，常使用表格。

1. 创建表格

（1）打开演示文稿，并切换到要插入表格的幻灯片。

（2）单击"插入/表格"命令，出现"插入表格"对话框，拖动鼠标选定表格的行数和列数。如图 6-33 所示。

（3）点击鼠标，出现一个表格，拖动表格的控点，可以改变表格的大小，拖动表格边框，可以定位表格。

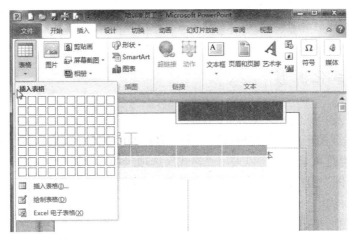

图 6-33 插入表格

2．在表格中输入文本

创建表格后，光标在左上角第一个单元格中，此时就可以输入表格内容了。用单击某单元格的方法选中它，即可在该单元格中输入内容，直到完成全部单元格内容的输入。

3．编辑表格

表格制作完成后，若不满意，可以修改它的结构，例如选择表格（行、列、单元格）、插入和删除行（列）、合并与拆分单元格等。这些操作命令可以在"表格工具"中的"设计"和"布局"中完成。一般地，单击表格，就会弹出"表格工具"选项卡，如图 6-34 所示。

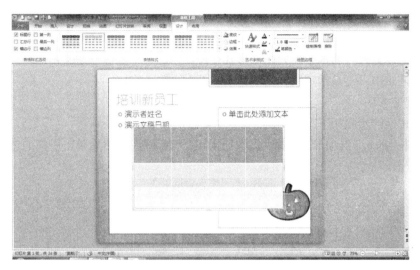

图 6-34 "表格工具"选项卡

（1）选择表格对象

编辑表格前，必须选择要编辑的表格对象，如整个表格、行（列）、单元格、单元格范围等。

选择整个表格的方法：光标放在表格的任一单元格，单击"布局"选项卡"表"组中的"选择"按钮，在出现的下拉菜单中选择"选择表格"命令，即可选择该表格。

选择整行（整列）的方法：光标放在目标行任一单元格，单击""选择"按钮，在出现的下拉菜单中选择"选择行"（"选择列"）命令，即可选择该行（列）。

选择单元格的方法：单击该单元格。若选择多个相邻的单元格，直接在目标单元格范围拖动鼠标即可。

（2）插入行或列

将光标置于某行的任意单元格中，单击"行和列"组中的"在上方插入"（"在下方插入"）命令，即可在当前行的上方（下方）插入一行。

同样的方法，在"行和列"组中选择"在左侧插入"（"在右侧插入"）命令可以在当前列的左侧（右侧）插入一列。

（3）删除行或列

将光标置于被删行的任意单元格中，单击"行和列"组中的"删除"按钮，则该行（列）被删除。

（4）合并和拆分单元格

合并单元格的方法：选择要合并的所有单元格，单击"合并"组中的"合并单元格"按钮，则这些单元格合并为一个大单元格。

拆分单元格的方法：选择要拆分的单元格，单击"合并"组中的"拆分单元格"按钮，则这些单元格分为左右相等的两个单元格。

6.5.6　插入艺术字

文本除了字体、字形、颜色等格式化方法外，用户还可以对文本进行艺术化处理，使其具有特殊的艺术效果。艺术字作为图像形式存在，因此，不能像普通文本那样直接输入，而是先使用"艺术字"工具指定某种艺术效果，然后再输入文字。

1．创建艺术字

创建艺术字的步骤如下：

（1）单击"插入"选项卡，选择"文本"组中的"艺术字"，然后单击所需的艺术字样式，如图 6-35 所示。

图 6-35　"艺术字样式"

（2）在随后出现的"格式"选项卡中，选择一种艺术字式样（如拱形），出现"请在此放置您的文字"输入框，用户在该对话框中输入文本（如：南开大学），还可以选择字体、字号和字形等。

艺术字效果见图 6-36。

图 6-36　艺术字效果

2．修饰艺术字的效果

创建艺术字后，如果不满意，还可以进行大小、颜色、形状、变形幅度以及缩放、旋转等修饰处理，使艺术字的效果得到创造性的发挥。

修饰艺术字，首先要选中艺术字。方法是：单击艺术字，使其周围出现 8 个白色控点、一个绿色控点和一个小菱形。

（1）改变艺术字的大小和变形幅度

选择艺术字，拖动控点可以改变艺术字的大小；拖动小菱形，可以改变艺术字的变形幅度。

（2）旋转艺术字

选择艺术字，拖动绿色控点，可以自由旋转艺术字。

（3）改变艺术字的颜色

选择艺术字，然后单击"艺术字样式"组中的"文本填充"、"文本轮廓"按钮和"文本效果"按钮，可以设置艺术字笔画内的填充颜色、笔画外框线的线型和颜色以及文本的不同显示效果。

6.6 添加多媒体对象

在幻灯片中除了文本、绘制图形及插入图片外，还可以插入动画、和影片等多媒体对象。

6.6.1 插入与播放声音

媒体库中提供了可以播放的视频、音频文件，在幻灯片中适当插入声音，将使演示文稿增色不少。如果对剪辑库中的声音文件不满意，还可以将用户自己搜集的声音文件加入到演示文稿中。

1．插入媒体库中的声音

（1）选择要插入声音的幻灯片。单击"插入"，单击"媒体"组中的"音频"，选择"剪贴画音频"，出现"剪贴画"任务窗格。

（2）在"剪贴画"任务窗格中单击某个声音图标，幻灯片上出现扬声器形状的图标，如图 6-37 所示。然后可以在"音频工具"的"格式"和"播放"选项卡中设置音频的播放形式等。

插入的扬声器图标一般位于幻灯片中部，插入后可以调整扬声器图标的位置和大小。

2．插入文件中的声音

剪辑库中的声音不一定适合用户的需要。因此，PowerPoint 允许插入用户自己准备的各种声音文件。向幻灯片插入声音文件的方法如下：

（1）选择要插入音频的幻灯片。并单击"插入"，选择"媒体"组中的"音频"，选择"文件中的音频"出现"插入声音"对话框。

（2）在对话框中选择保存声音的文件夹，从中选择一个声音文件，单击"插入"按钮，与插入剪贴画音频一样，幻灯片上出现扬声器图标，选择播放方式后调整插入声音图标

图 6-37 插入声音

的位置和大小即可。

3．播放声音

插入声音后，就可以在"播放"选项卡中设置声音播放是否自动播放，循环播放等。还能对声音进行剪裁等。如图 6-38 所示。

图 6-38 "播放"选项卡

6.6.2 插入与播放视频

1．插入剪贴画视频

（1）选择要插入影片的幻灯片。单击"插入"，单击"媒体"中的"视频"，选择"剪贴画视频"。出现"剪贴画"任务窗格。

（2）在"剪贴画"任务窗格中单击某个视频图标，幻灯片上出现相应的视频图标。

（3）根据需要调整视频图标的位置和大小。

2．插入文件中的视频

向幻灯片插入已存在的视频文件的方法与插入音频文件完全类似：

3．播放影片

根据插入影片时的设置，放映到影片图标所在的幻灯片时会自动播放影片或单击影片图标后播放影片。为了反复播放影片，可以设置反复播放影片属性。

6.7 幻灯片放映设计

用户创建演示文稿，其目的是向有关观众放映和演示。要想获得满意的效果，除了精心策划，细致制作演示文稿外，更为重要的是设计出引人入胜的演示过程。为此，可以从如下几个方面入手：设置幻灯片中对象的动画效果和声音，变换幻灯片的切换效果和选择适当的放映方式等。

首先，讨论放映演示文稿的方法，然后从动画设计、幻灯片切换效果、幻灯片放映方式、排练计时放映和交互式放映等方面讨论如何提高演示文稿的放映效果。

6.7.1 放映演示文稿

制作演示文稿的最终目的就是为观众播放演示文稿，放映当前演示文稿必须先进入幻灯片放映视图，用如下方法之一可以进入幻灯片放映视图。

■ 单击"幻灯片放映"选项卡，选择一种开始放映幻灯片的方式，或使用快捷键 F5。
■ 单击窗口底部状态栏中的"幻灯片放映"按钮。

进入幻灯片放映视图后，在全屏幕放映方式下，单击鼠标左键，可以切换到下一张幻灯片，直到放映完毕。在放映过程中，右击鼠标会弹出放映控制菜单。利用放映控制菜单的命令可以改变放映顺序等。

1. 改变放映顺序

一般地，幻灯片放映是按顺序依次放映。若需要改变放映顺序，可以右击鼠标，弹出放映控制菜单，单击"上一张"或"下一张"，即可放映当前幻灯片的上一张或下一张幻灯片。若要放映特定幻灯片，将鼠标指针指向放映控制菜单的"定位至幻灯片"，就会弹出所有幻灯片标题，单击目标幻灯片标题，即可从该幻灯片开始放映，如图 6-39 所示。

图 6-39 改变放映顺序

2．中断放映

有时希望在放映过程中退出放映，可以右击鼠标，调出放映控制菜单，从中选择"结束放映"命令。

除通过右击调出放映控制菜单外，还可以单击屏幕左下角的放映控制按钮，如图 6-40 所示，左右箭头按钮分别表示放映前一张和后一张幻灯片，笔状按钮可以调出指针选项菜单，而幻灯片状按钮可以弹出放映控制菜单。

图 6-40　放映控制按钮

6.7.2　为幻灯片中的对象设置动画效果

实际上，我们常对幻灯片中的各种对象设置动画效果和声音效果。动画可使 Microsoft PowerPoint 2010 演示文稿更具动态效果，并有助于提高信息的生动性。最常见的动画（动画：给文本或对象添加特殊视觉或声音效果。例如，您可以使文本项目符号点逐字从左侧飞入，或在显示图片时播放掌声。）效果类型包括进入和退出。您也可以添加声音来增加动画效果的强度。

1．向文本或对象添加动画效果

（1）选择要制成动画的文本或对象。

（2）在"动画"选项卡的"动画"组中单击"动画样式"选择一个动画效果。单击"更多"箭头查看更多选项。在动画库中，进入效果图标呈绿色、强调效果图标呈黄色、退出效果图标呈红色。

（3）若要更改所选文本的动画方式，请单击"效果选项"，然后单击要具有动画效果的对象。

（4）若要指定效果计时，请在"动画"选项卡上使用"计时"组中的命令。根据需要，对各设置项进行个性化设置，如图 6-41 所示。单击"开始"项右侧的下拉按钮，其中有"单击时"、"与上一动画同时"和"上一动画之后"三种开始动画的方式。选择"单击时"，表示

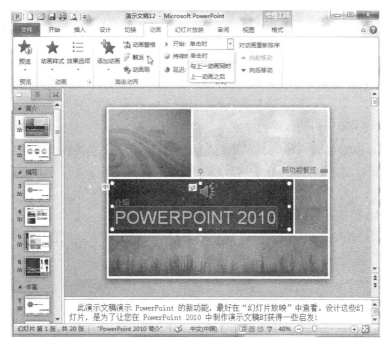

图 6-41　设置"动画"效果

放映时，单击鼠标即可启动该对象的动画；选择"与上一动画同时"表示该对象的动画与前一对象动画同时启动，而选择"上一动画之后"表示前一对象动画结束后才启动该对象的动画。

另外，还能设置动画的持续时间和延迟时间。并可以对动画重新排序。

设置动作后还可以设置声音以加强动画效果。在"动画"选项卡的"高级动画"组中，单击"动画"窗格。"动画"窗格在工作区窗格的一侧打开，显示应用到幻灯片中文本或对象的动画效果的顺序、类型和持续时间。找到要向其添加声音的效果，单击向下箭头，然后单击"效果选项"（根据所选动画的类型，"效果选项"对话框显示不同的选项）。在"效果"选项卡"增强功能"下面的"声音"框中，单击箭头以打开列表，然后从列表中或从文件添加一个声音。如图 6-42 所示。

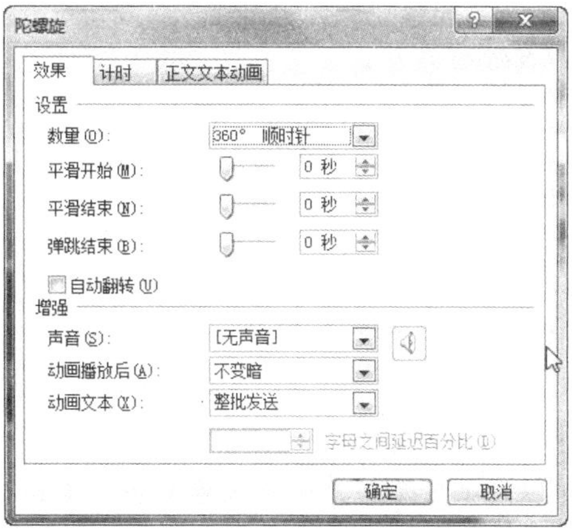

图 6-42　添加声音效果

设置对象动画后可以单击"预览"按钮，预览设置的动画效果。

（5）重复以上步骤，可以对多个对象设置动画效果。

（6）对多个对象设置动画效果后，可以调整对象动画出现的顺序。方法是：选择动画对象，并单击"对动画重新排序"中的"向前移动"或"向后移动"按钮，即可改变动画对象出现的顺序。

2．对文本或对象应用动作路径

您可以向文本或对象添加更复杂的或自定义的动画动作。其操作方法如下：

（1）单击要向其添加动作路径的对象或文本。对象或文本项目符号的中心跟随您应用的路径。

（2）在"动画"选项卡"动画"组中的"动作路径"下面，选择一种路径，所选路径以虚线的形式出现在选定对象或文本上。绿色箭头表示路径的开头，红色箭头表示结尾。如图6-43 所示。

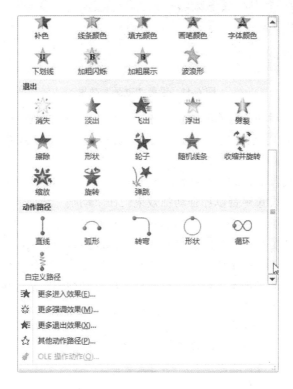

图 **6-43**　动作路径

还可以单击"自定义路径"。在所需的路径开始位置单击时，指针变为钢笔，移动指针，然后自由绘制路径，如图 6-44 所示。

（3）要查看幻灯片的完整动画和声音效果，请在"动画"选项卡的"预览"组中，单击"预览"按钮。

（4）重复以上步骤，可以为多个幻灯片分别设置动画方案。

也可以使用动画刷复制动画。其方法和 Word 中的格式刷使用方法类似。

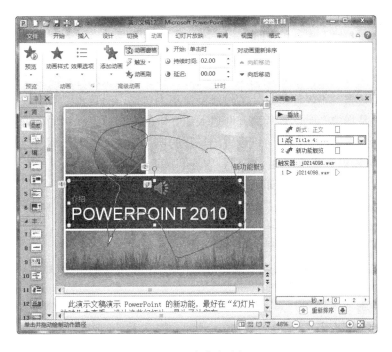

图 6-44　自定义路径

　　若想删除幻灯片的预设动画，方法是：在"动画"选项卡上的"高级动画"组中，单击"动画窗格"。在"动画窗格"中，右键单击要删除的动画效果，然后单击"删除"，如图 6-45 所示。

图 6-45　删除动画

6.7.3 幻灯片的切换效果设计

幻灯片的切换效果是在演示期间从一张幻灯片移到下一张幻灯片时再"幻灯片放映"视图中出现的动画效果。不仅使幻灯片的过渡衔接更为自然，而且也能吸引观众的注意力。幻灯片的切换效果是指放映时幻灯片离开和进入所产生的视觉效果。例如，可以将幻灯片从右上角抽出，或者向下擦除等。既可以设置幻灯片的换片方式（单击鼠标切换或每隔一段时间自动换片），也可以设置切换速度（快速、中速和慢速）和声音效果。

设置幻灯片切换效果的方法如下：

（1）打开演示文稿，在包含"大纲"和"幻灯片"选项卡的窗格中，单击"幻灯片"选项卡。

（2）选择要向其应用切换效果的幻灯片缩略图。

（3）在"切换"选项卡的"切换到此幻灯片"组中，单击要应用于该幻灯片的切换效果。如图6-46所示。

图6-46 切换效果

（4）此时，所设置的幻灯片切换效果只适用于所选幻灯片（组）。要想全部幻灯片均采用该切换效果，执行以上第2步到第4步，然后在"切换"选项卡的"计时"组中单击"全部应用"。

6.7.4 幻灯片放映方式设计

完成演示文稿的制作后，剩下的工作是向观众放映演示文稿。不同场合选择合适的放映方式是十分重要的。

演示文稿的放映方式有三种：演讲者放映（全屏幕）、观众自行浏览（窗口）和在展台浏览（全屏幕）

1．演讲者放映（全屏幕）

演讲者放映是全屏幕放映，这种放映方式适合于会议或教学的场合。放映进程完全由演讲者控制。若想自动放映，则必须事先进行排练计时，使放映速度适合于观众。

2．观众自行浏览（窗口）

在展览会上若允许观众自己操作，则采用这种方式较适宜。它在窗口中展示演示文稿，允许观众利用窗口命令控制放映进程。

3．在展台浏览（全屏幕）

这种放映方式采用全屏幕放映，适合无人看管的场合，例如展示产品的橱窗和展览会上自动播放产品信息的展台等。演示文稿自动循环放映，观众只能观看不能控制。采用该方式的演示文稿应事先进行排练计时（稍后将介绍如何进行排练计时）。

放映方式的设置方法如下：

（1）打开演示文稿，单击"幻灯片放映"选项卡，选择"设置"组中的"设置幻灯片放映"命令。出现"设置放映方式"对话框，如图 6-47 所示。

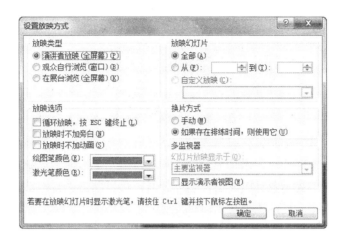

图 6-47　"设置放映方式"对话框

（2）在"放映类型"栏，可以选择"演讲者放映（全屏幕）"、"观众自行浏览（窗口）"和"在展台浏览（全屏幕）"三种方式之一。若选择"在展台浏览（全屏幕）"方式，则自动采用循环放映，按 Esc 键才终止放映。

（3）在"放映幻灯片"栏中，可以确定幻灯片的放映范围（全部或部分幻灯片）。放映部分幻灯片时，可以指定放映幻灯片的开始序号和终止序号。

（4）在"换片方式"栏中，可以选择控制放映速度的两种换片方式之一。"演讲者放映（全屏幕）"和"观众自行浏览（窗口）"放映方式强调自行控制放映，所以，常采用"手动"换片方式；而"在展台浏览（全屏幕）"方式通常无人控制，若演示文稿已经进行排练计时，则选择"如果存在排练时间，则使用它"换片方式。

6.7.5　为演示文稿放映计时

一般地，放映演示文稿时由演讲者通过单击鼠标控制放映过程。但在无人控制情况下自动播放或者不想人工切换幻灯片时，就需要事先为幻灯片显示时间的长短进行设置或计时。可以采用两种方法进行：人工设置和排练计时。

1．人工设置幻灯片放映时间

（1）打开演示文稿，单击"切换"选项卡。

（2）在"计时"组中设置幻灯片的自动换片时间。

（3）该时间应用到当前幻灯片，若希望该时间应用到全体幻灯片，可以单击"全部应用"按钮。

如果各幻灯片的显示时间不完全一样，则按上述方法逐张幻灯片进行设置。

设置完成后，切换到"视图"选项卡，单击"幻灯片浏览"视图，可以看到，每张幻灯片缩图下面出现了设置的显示时间。

2．排练计时

通过实际放映排练，记录排练时各幻灯片实际显示的时间。其方法如下：

（1）打开演示文稿，单击"幻灯片放映/"选项卡。单击"设置"组中的"排练计时"按钮，此时开始放映幻灯片，并出现"录制"工具栏。通过它进行幻灯片演示的排练计时，如图 6-48 所示。

图 6-48　"录制"工具栏

（2）若幻灯片设置了动画，计时器将把每个动画对象（项）显示的时间均记录下来。

（3）演示过程中自动计时，本项显示完毕后，单击"下一项"按钮即可记录本项的显示时间，并开始下一项的显示及计时。若需暂停计时，可以单击"暂停录制"按钮，再次单击它可以恢复计时。若本幻灯片需要重新排练计时，可以单击"重复"按钮。

（4）排练计时过程中可以随时终止排练，方法是单击鼠标右键，在出现的菜单中单击"结束放映"命令。

（5）最后一张幻灯片排练计时结束后，弹出对话框，其中显示了本次排练的时间，并询问是否保留该排练时间，若回答"是"，则保存该排练时间，否则本次排练计时无效。

经过排练计时的演示文稿，放映时无需人工干预，将按排练时间自动放映。适合展览会无人值守的幻灯片演示。若在设置放映方式时设置为"循环放映，按 Esc 键终止"特性，则自动按排练时间反复放映该演示文稿。

6.7.6　交互式放映文稿

演示文稿一般按原来的顺序依次放映。有时需要改变这种顺序，在放映到某处时，演讲者可以跳到后面某张幻灯片处放映或者转而放映另一演示文稿。这可以借助于超级链接的方法来实现。既可以在动作按钮上设置超级链接，也可以在文本上做超级链接。

1．为动作按钮设置超级链接

PowerPoint 提供了一组动作按钮，可以从中选择一个动作按钮，并为它设置超级链接。放映时单击它就可以激活该超级链接，从而改变执行顺序，转而放映超级链接规定的幻灯片或另一演示文稿。

为动作按钮设置超级链接的方法如下：

（1）在普通视图下，选择要插入动作按钮的文本或对象，单击"插入"选项卡，选择"链接"组中的"动作"，出现动作设置对话框，选择所需的动作。

（2）在弹出的"动作设置"对话框中选择"单击鼠标"选项卡，并在"单击鼠标时的动作"栏选中"超级链接到"项，单击其下拉按钮，在出现的下拉列表中选择要链接的对象（如"幻灯片"），如图 6-49 所示。

（3）在接着出现的"超链接到幻灯片"对话框中选定要链接的幻灯片。

在放映幻灯片时，当出现设置的动作按钮时，单击它，则自动转向链接的幻灯片放映。

也可以链接到另一演示文稿，方法基本相同，只是在"动作设置"对话框选择链接对象时，选择"其他 PowerPoint 演示文稿"，然后在出现的"超链接到其他 PowerPoint 演示文稿"对话框中确定要链接的演示文稿。

图 6-49 "动作设置"对话框

2．为文本设置超级链接

为文本设置超级链接的方法与动作按钮设置超级链接类似，下面是为文本设置超级链接的的操作过程：

（1）选择要设置超级链接的文本（如："操作方法"），右击该文本，出现快捷菜单，单击其中的"超链接"命令，出现"插入超链接"对话框。如图 6-50 所示。

图 6-50 "插入超链接"对话框

（2）在"链接到"下，选择要链接到的对象。

（3）若链接对象选择"新建文档"或"电子邮件地址"，则出现相应的对话框，设定相应内容即可。

设置超级链接后的文本下面出现了下划线，而且颜色也改变了。放映时，当鼠标移到该文本时，鼠标指针变成小手形状，若单击，则执行链接的文件。

6.8 演示文稿的打包

完成的演示文稿有可能会在其他计算机上演示，如果该计算机上没有安装 PowerPoint，就无法放映演示文稿。为此，可以利用演示文稿打包功能，将演示文稿打包到文件夹或 CD，甚至可以把 PowerPoint 播放器和演示文稿一起打包。这样，即使计算机上没有安装 PowerPoint，也能正常放映演示文稿。

6.8.1 将演示文稿打包

要将制作好的演示文稿打包，并存放到某文件夹。可以按如下方法操作：

（1）打开要打包的演示文稿。

（2）依次单击"文件/保存并发送"，并选择"将演示文稿打包成 CD"，单击"打包成 CD"，出现如图 6-51 所示对话框。

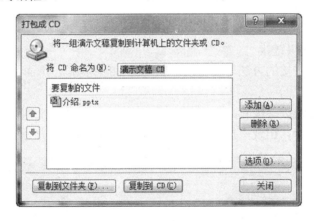

图 6-51 "打包成 CD"对话框

（3）对话框中"要复制的文件"栏提示了当前要打包的演示文稿（如：介绍.pptx），若希望将其他演示文稿也在一起打包，则单击"添加"按钮，出现"添加文件"对话框，从中选择要打包的文件，并单击"添加"按钮。

（4）默认情况下，打包应包含 PowerPoint 播放器和与演示文稿有关的链接文件，若想改变这些设置或希望设置演示文稿的打开密码，可以单击"选项"按钮，在弹出的"选项"对话框中设置。

（5）在"打包成 CD"对话框中单击"复制到文件夹"按钮，出现"复制到文件夹"对话框，输入文件夹名称（如"演示文稿"）和文件夹的路径位置，并单击"确定"按钮，则系统开始打包并存放到指定的文件夹。

6.8.2 运行打包的演示文稿

完成了演示文稿的打包后，就可以在没有安装 PowerPoint 的情况下，也能放映演示文稿。具体方法如下：

（1）打开打包所在的文件夹。

（2）在联网情况下，双击该文件夹的 PresentationPackage.html 网页文件，在打开的网页上单击"Download Viewer"按钮，下载播放器并安装。启动播放器，定位到打包文件夹，选择某个演示文稿文件，并单击"打开"即可放映该演示文稿。

（3）放映完毕，还可以在对话框中选择播放其他演示文稿。

若演示文稿打包到 CD，则将光盘放到光驱中将会自动播放。

6.9 操作题

1．按下列要求创建演示文稿，并以 yawg-1.pptx 保存。

（1）建立一个含有 2 张幻灯片的演示文稿，内容和版式如图 6-52 所示。

（2）使用"凤舞九天"主题修饰全文，放映方式为"演讲者放映"。

（3）在第一张幻灯片前插入一张新幻灯片，版式为"标题幻灯片"。副标题输入文本"北京应急救助预案"。标题在指定位置（水平：0.08 厘米，度量依据：左上角，垂直：2.93 厘米，度量依据：左上角）处插入样式为"填充—白色，投影"的艺术字"基本生活费价格变动应急救助"，文本效果为"转换—上弯弧"。副标题的动画设置为"飞入"、"自左下部"，艺术字的动画设置为"缩放"、效果选项为"消失点—幻灯片中心"，持续时间为 2 秒。动画顺序为先艺术字后副标题文本。将第二张幻灯片的版式改为"两栏内容"，文本设置"黑体"、23 磅字，内容区域插入"businessmen，ideas"的剪贴画。

图 6-52　操作题 1

2．按下列要求创建演示文稿，并以 yawg-2.pptx 保存。

（1）建立一个含有 3 张幻灯片的演示文稿，内容和版式如图 6-53 所示。

（2）使用"新闻纸"主题修饰全文，全部幻灯片切换效果为"推进"，效果选项为"自右侧"。

（3）在第二张幻灯片前插入一张幻灯片，其版式为"内容与标题"，输入标题文字为"活100 岁"，其字体设置为"隶书"，字号设置成 55 磅。输入文本为"如何健康长寿？"，其字体设置为"黑体"，字号设置成 53 磅、加粗、红色（请 RGB 颜色模式：247，0，0）。在内容区插入名为"athletes，baseball players"的剪贴画。第三张幻灯片的文本字体设置为"黑体"，字号设置成 30 磅，字体倾斜。

图 6-53　操作题 2

3．按下列要求创建演示文稿，并以 yawg-3.pptx 保存。

（1）建立一个含有 3 张幻灯片的演示文稿，内容和版式如图 6-54 所示。

（2）使用"穿越"主题修饰全文。放映方式为"观众自行浏览"。

（3）第一张幻灯片的版式改为"两栏内容"，将第一张幻灯片的图片动画设置为"翻转式由远及近"，持续时间为 2 秒。文本动画设置为"擦除"，效果选项为"自顶部"。动画的出现顺序先文本后图片。第二张幻灯片的版式改为"标题和竖排文字"，文本部分的行距为 1.5 倍。第三张幻灯片版式改为"标题和内容"，标题输入"我国成功发射实践七号科学实验卫星"。背景设置为"宝石蓝"，类型为"标题的阴影"。第三张幻灯片改为第一张幻灯片。

图 6-54　操作题 3

操作题操作步骤

1.

（1）单击"文件/新建"命令，单击"主题"选择"凤舞九天"，然后单击"创建"命令。

（2）单击"幻灯片放映"选项卡"设置"组的"设置幻灯片放映"按钮，出现"设置放映方式"对话框，在"放映类型"栏中，选择"演讲者放映（全屏幕）"，然后单击"确定"按钮。

（3）在左侧的幻灯片/大纲浏览窗格中单击第一张幻灯片缩略图之前的位置，使该位置出现一个横线插入符。然后在"开始"选项卡中单击"幻灯片"组的"新建幻灯片"下拉按钮，从出现的幻灯片版式列表中选择"标题幻灯片"版式，输入副标题"北京应急救助预案"。

单击"插入"选项卡"文本"组中的"艺术字"按钮，出现艺术字样式列表。选择"填充—白色，投影"样式，出现艺术字编辑框，删除其中的文字，并输入"基本生活费价格变动应急救助"，在"绘图工具—格式"选项卡"艺术字样式"组中单击"文字效果"按钮，将鼠标移动到"转换"项，选择其中的"上弯弧"选项。

在"绘图工具—格式"选项卡"大小"组中单击右下角的"大小和位置"按钮，出现"设置形状格式"对话框，在左侧选择"位置"项，在右侧"水平"栏中输入"0.08 厘米"、右侧"自"栏选择"左上角"，"垂直"栏中输入"2.93 厘米"，右侧"自"栏选择"左上角"，然后单击"关闭"按钮。

选择副标题，在"动画"选项卡的"动画"组中单击动画样式列表右下角的"其他"按钮，出现动画效果下拉列表。在"进入"类中选择"飞入"动画效果，然后在"动画"组中单击"效果选项"，在下拉列表中单击"自左下部"。选择艺术字，单击"动画"选项卡"动画"组中动画样式列表右下角的"其他"按钮，在出现的下拉列表中选择"进入"类中的"缩放"效果，单击"效果选项"，并选择"消失点"中的"幻灯片中心"。在"计时"组中的"持续时间"栏中输入"2"。单击"计时"组中的"向前移动"按钮。

选择第 2 张幻灯片，在"开始"选项卡中单击"幻灯片"组的"版式"下拉按钮，从出现的幻灯片版式列表中选择"两栏内容"版式。选择文本，在"字体"组中设置"黑体"，23 磅。在右侧的内容区单击，然后单击"插入"选项卡"图像"组中的"剪贴画"图标，在出现的"剪贴画"窗格的"搜索文字"栏输入"businessmen,ideas"，再单击"搜索"按钮，下方显示搜索到的剪贴画。单击该剪贴画即可插入，并适当设置剪贴画的大小。

2.

（1）启动 PowerPoint，系统自动创建空白演示文稿，且第一张幻灯片的版式为"标题幻灯片"。在主标题处输入"健康高速路"，副标题处输入"健康五招"。单击"开始"选项卡"幻灯片"组的"新建幻灯片"下拉按钮，并选择"内容与标题"版式。在标题处输入"活 100 岁的绝招"，内容区输入以下内容：

"你想活到 100 岁吗？请做到以下 5 点：

- ■　做一个全面健康检查，制定健康计划。
- ■　坚持一个完整的营养计划，包括正确的饮食和高质量的天然维生素。
- ■　坚持锻炼和活动。
- ■　尝试每天减轻压力的练习，如打太极拳。
- ■　不要抽烟。

（2）单击"设计"选项卡"主题"组右下角的"其他"按钮，在主题列表中选择"新闻纸"主题。在"切换"选项卡的"切换到幻灯片"组中单击切换到效果列表右下角的"其他"按钮，选择"推进"切换效果，单击"效果选项"按钮，在出现的列表中选择"自右侧"。然后单击"计时"组的"全部应用"按钮。

（3）选择第一张幻灯片，在"开始"选项卡的"幻灯片"组中单击"新建幻灯片"下拉按钮，选择"内容与标题"版式。在标题处输入"活 100 岁"，字体样式设置为"隶书"、55 磅。在文本区输入"如何健康长寿？"，字体设置为"黑体"，53 磅，加粗。同时在"字体"对话框的字体下拉按钮中单击"其他颜色"命令，在出现的"自定义"选项卡中选择"RGB"颜色模式，然后依次输入红色、绿色、蓝色的数值：247，0，0。

单击右侧内容区，然后选择"插入"选项卡"图像"组的"剪贴画"按钮，在右侧的"剪贴画"窗格的"搜索文字"栏输入"athletes，baseball players"，并单击"搜索"按钮，选择搜索到的剪贴画即可插入，适当设置剪贴画的大小。

选择第 3 张幻灯片的文本，在"开始"选项卡的"字体"组中设置文本字体为"黑体"，30 磅，倾斜。

保存文件。

3.

（1）单击"文件/新建"命令，单击"主题"选择"穿越"，然后单击"创建"命令。

（2）单击"幻灯片放映"选项卡"设置"组的"设置幻灯片放映"按钮，出现"设置放映方式"对话框，在"放映类型"栏中，选择"观众自行浏览（窗口）"，然后单击"确定"按钮。

（3）选中第一张幻灯片，单击"开始"选项卡"幻灯片"组中的"版式"按钮，选择"两栏内容"版式。输入相应的文本内容，并插入剪贴画。在"动画"选项卡的"动画"组中单击动画样式列表右下角的"其他"按钮，在"进入"类中选择"翻转式由远及近"效果，在"计时"组的"持续时间"栏输入"2"。选择左侧文本，单击"动画"选项卡"动画"组中的右下角的"其他"按钮，在"进入"类中选择"擦除"动画效果，单击"效果选项"，在下拉列表中选择"自顶部"，然后单击"计时"组中的"向前移动"。

新建第二张幻灯片，单击"开始"选项卡"幻灯片"组的"版式"按钮，选择"标题和竖排文字"版式。选择文本部分，单击"段落"右下角的"段落"按钮，在出现的"段落"

对话框中，设定行距为 1.5 倍行距，然后单击"确定"按钮。

新建第三张幻灯片，版式设置为"标题和内容"。单击"设计"选项卡"背景"组右下角的"设置背景格式"按钮，在"设置背景格式"对话框中，单击"预设颜色"栏的下拉按钮，选择"宝石蓝"，单击"类型"下拉按钮，选择"标题的阴影"，然后单击"关闭"按钮。

在左侧的幻灯片/大纲浏览窗格中，选择第三张幻灯片的缩略图，向上拖动到第一张幻灯片的上面，松开鼠标。

保存文件。

6.10　实例操作演示

第7章　因特网基础与简单应用

因特网是 20 世纪最伟大的发明之一，因特网是由成千上万个计算机网络组成的，覆盖范围从大学校园网、商业公司的局域网到大型的在线服务提供商，几乎涵盖了社会的各个应用领域（如：政务、军事、科研、文化、教育、经济、新闻、商业和娱乐等）。人们只要用鼠标、键盘，就可以从因特网上找到所需要的任何信息，可以与世界另一端的人们通信交流，甚至一起参加视频会议。因特网已经深深地影响和改变了人们的工作、生活方式，并正以极快的速度在不断发展和更新。

本章主要介绍因特网的基础知识和一些简单的应用，通过本章的学习，应该掌握：

1. 计算机网络的基本概念。

2. 因特网基础：TCP/IP 协议、C/S 体系结构、IP 地址和接入方式。

3. 使用简单的因特网应用：浏览器（IE）的使用，信息的搜索、浏览与保存，FTP 下载，电子邮件的收发，以及流媒体和手机电视的使用。

7.1　计算机网络基本概念

人类社会已经进入一个以网络为核心的信息时代，计算机网络已经广泛应用到各行各业。特别是以因特网为代表的计算机网络得到了飞速的发展。计算机网络已成为社会结构的一个基本组成部分，改变了人们的工作、生活。

7.1.1　计算机网络

对于计算机网络的精确定义目前仍未统一。最简单、最直接的定义是：一些相互连接的，以共享资源为目的的，自治的计算机集合。由此定义透露除计算机网络的三个信息：分布在不同地方的多台计算机，通过某种方式连接在一起，并且能够在资源共享的情况下独立工作。

7.1.2　数据通信

数据通信是通信技术和计算机技术相结合而产生的一种新的通信方式。要在两地间传输信息必须有传输信道，根据传输媒体的不同，分为有线数据通信和无线数据通信。但它们是通过传输信道将数据终端与计算机联结起来，而使不同地点的数据终端实现软、硬件和信息资源共享。数据通信是一种很宽泛的技术，包含了大量的通信专业知识。

数据通信的基本概念如下：

（1）信息

从信息论的角度出发，信息是对消息的界定和说明。

（2）数据

数据是对所关注的对象进行观察所得到的结果或某个事实的结果。

（3）信号

信号是通信系统实际处理的具体对象。数据蕴含着信息，而信号是数据的具体表现。

（4）信道

信道是信息的通道，也就是将信息的发送端和接收端连在一起并且能够传输信号的物理介质。

（5）调制／解调

计算机内的信息是由 0 和 1 组成的数字信号，而在电话线上传递的却只能是模拟信号（模拟信号的连续的，数字信号是间断的）。当计算机要发送数据时，将数字信号转换成模拟信号，这个过程成为“调制”；当接收数据时，将模拟信号还原为计算机能识别的数字信号，这个过程成为“解调”；调制／解调这种数据转换设备成为调制解调器。

（6）带宽与传输速率

带宽指频带的宽度。信道的带宽指的是信道允许通过信号的频率范围。传输速率又称作信息速率、比特率，指的是单位时间内信道传送信息量的大小，单位是 bit/s（比特／秒）。

（7）误比特率

在二进制通信系统中，误比特率指的是传输过程中出现错误的比特数占传输总比特数的比率。在二进制通信系统中，误码率与误比特率相等。

7.1.3　计算机网络的形成与分类

1. 计算机网络的发展

计算机网络起源于美国。随着计算机的普及和应用的发展，出现了多台计算机互联的需求。经过几十年的时间，计算机网络已经发展了四代。

（1）第一代：集中式计算机网络

20 世纪 50 年代，许多系统都将地理上分散的多个终端通过通信线路连接到一台中心计算机上，由此出现了第一代计算机网络。集中式计算机网络是以单个计算机为中心的远程联机系统。

（2）第二代：分组交换网络

20 世纪 60 年代，因大型机的出现提出了对大型机资源远程共享的需求，以程控交换为特征的电信技术的发展为这种远程通信需求提供了实现手段。第二代网络以多台主机通过通信线路互连为用户提供服务。主机之间不是直接用线路相连，而是由接口报文处理机转接后互连。现代意义上的计算机网络是从 1969 年美国建成的 ARPANET 开始的。分组交换是采用“存储－转发”技术把欲发送的报文分成一个个的“分组”在网络中传送。

（3）第三代：网络标准化阶段

20 世纪 70 年代，国际标准化组织提出开放系统互连参考模型，即 OSI 参考模型 OSI/RM。OSI/RM 已被国际社会广泛地认可，它推动计算机网络的理论与技术的发展，并对统一网络体系结构和协议，实现不同网络之间的互连起到了积极的作用。

（4）第四代：互联网时代

20 世纪 90 年代，计算机网络技术迅猛发展。NEFNET 取代 ARPANET 成为美国的国家骨干网，并走出大学和科研机构进入社会。1992 年，Internet 学会成立；1993 年，美国宣布实施国家信息基础设施计划后，全世界许多国家纷纷效仿，从而极大地推动了计算机网络技术的发展，使计算机网络的发展进入一个崭新的阶段，即互联网时代。

2．计算机网络的分类

由于计算机网络应用广泛，对其分类也有许多方法。按网络覆盖范围划分把网络类型划分为局域网、城域网和广域网。

（1）局域网（LAN）

局域网是最常见、应用最广的一种网络，是指在局部地区范围内所建的网络。它所覆盖的地区范围小，但局域网在计算机数量配置上没有太多限制。局域网的特点是连接范围窄，用户少，配置容易，连接速率高。

（2）城域网（MAN）

城域网一般来说是将一个城市范围内的计算机互联。与局域网相比扩展的距离要长，连接的计算机更多。

（3）广域网（WAN）

广域网也称远程网，它一般是将不同城市和不同国家之间的城域网、局域网互相连接起来。

按网络拓扑结构分类分类，常见的有星型拓扑、环型拓扑、总线型拓扑、树型拓扑、网状拓扑。

（1）星型拓扑（图 7-1（a））

星型拓扑结构中所有结点均通过独立的线路连接到中心结点上，各结点之间的通信都必须通过中央结点，是最早的通用拓扑结构形式。

星型拓扑的优点是线路连接简单、易扩充、易管理。缺点是对中央结点的可靠性要求高，一旦中央结点发生故障将导致整个网络系统崩溃。

（2）环型拓扑（图 7-1（b））

环型拓扑中所有的结点都通过中继器连接到一个封闭的环上，任意结点都要通过环路相互通信，一条环路只能进行单向通信。

环型拓扑的优点是每个结点都是平等的，容易实现高速和长距离通信。缺点是环路上任意一个结点发生故障时，将导致整个系统不能正常工作。

（3）总线型拓扑（图 7-1（c））

总线型拓扑中所有结点都通过相应的接口连接到一根中心传输线上，这根中心传输线被称为总线。总线结构是一种共享通道的结构，总线上任何一个结点都是平等的。

总线型拓扑的优点是结构简单、安装扩充容易，某个结点出现故障不会引起整个系统崩溃，信道利用率高，资源共享能力强，适用于构造局域网。缺点是通信传输线路发生故障会引起网络系统崩溃，网络上信息的延迟时间是不确定的，不适于实时通信。

（4）树型拓扑（图 7-1（d））

树型拓扑中各结点按级分层连接，结点所处的层越高，其可靠性要求就越高，是从星型结构扩展而来的。

树型拓扑的优点是线路连接简单，易扩充和进行故障隔离。缺点是结构比较复杂，对根的依赖性大。

（5）网状拓扑（图7-1（e））

网状拓扑中任一结点至少有两条通信线路与其他结点相连，因此各个结点都具有选择传输线路和控制信息流的能力。

网状拓扑的优点是可靠性高，当某一线路或结点出现故障，不会影响整个网络运行。缺点是网络管理比较复杂，广域网基本上采用网状拓扑结构。

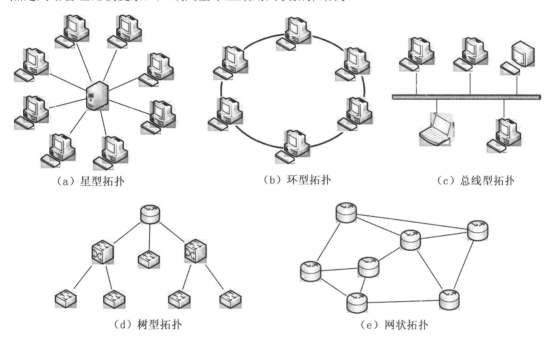

（a）星型拓扑　　　　　　（b）环型拓扑　　　　　　（c）总线型拓扑

（d）树型拓扑　　　　　　　　（e）网状拓扑

图 7-1　网络拓扑结构

7.1.4　传输介质与网络设备

在构建网络时应根据需要选择合适的传输介质和网络设备，传输介质与网络硬件共同作用才能实现网络通信和资源共享。

1．传输介质

传输介质是网络中传输数据、连接各网络结点的实体。传输介质一般包括双绞线、同轴电缆、光纤和无线传输介质。

2．网络设备

网络设备可分为物理层设备（如中继器、集线器等）、数据链路层设备（如交换机、网桥等）、网络层设备（如路由器、三层交换机等）和应用层设备（如防火墙等）。

（1）网卡（网络接口卡）

网卡实现计算机与网络电缆之间的物理连接，为计算机之间相互通信提供一条物理通道，并通过这条通道进行高速数据传输，又称网络适配器。

（2）集线器

集线器在 OSI 参考模型中属于物理层，英文 Hub 是"交汇点"的意思。集线器的主要功能是对信号进行再生、整形和放大，同时把所有结点集中在以它为中心的结点上。随着交换机价格不断下降，集线器已被市场淘汰。

（3）交换机

交换机是一种在通信系统中完成信息交换功能的设备。

（4）路由器

路由器是网络中进行网间互连的关键设备，它工作在 OSI 模型的第三层（网络层），主要作用是寻找互联网之间的最佳路径。路由器的主要功能包括网络互连、网络隔离和网络地址交换。

（5）无线 AP（Access Point）

无线 AP 也称为无线访问点或无线桥接器，是当作传统的有线局域网络与无线局域网络之间的桥梁，通过无线 AP，任何一台装有无线网卡的主机都可以去连接有线局域网络。无线 AP 含义较广，不仅提供单纯性的无线接入点，也同样是无线路由器等设备的统称，兼具路由、网管等功能。单纯性的无线 AP 就是一个无线的交换机，仅仅是提供一个无线信号发射的功能，其工作原理是将网络信号通过双绞线传送过来，无线 AP 将电信号转换成为无线电信号发送出来，形成无线网的覆盖。无线 AP 型号不同则具有不同的功率，可以实现不同程度、不同范围的网络覆盖，一般无线 AP 的最大覆盖距离可达 300 米，非常适合在建筑物之间、楼层之间等不便于架设有线局域网的地方构建无线局域网。

7.1.5　网络软件

计算机网络的设计除了硬件，还必须考虑软件，目前的网络软件都是高度结构化的。为了降低网络设计的复杂性，绝大多数网络都通过划分层次，每一层都在其下一层的基础上、每一层都向上一层提供特定的服务。提供网络硬件设备的厂商很多，不同的硬件设备如何统一划分层次，并且能够保证通信双方对数据的传输理解一致，就要通过单独的网络软件——协议来实现。

图 7-2　TCP/IP 参考模型

通信协议就是通信双方都必须遵守的通信规则，是一种约定。

计算机网络中的协议是非常复杂的，因此网络协议通常都按照结构化的层次方式来进行组织，TCP/IP 协议是当前最流行的商业化协议，被公认为是当前的工业标准或事实标准。1974 年，出现了 TCP/IP 参考模型，图 7-2 给出了 TCP/IP 参考模型的分层结构，它将计算机网络划分为四个层次：应用层（Application Layer）、传输层（Transport Layer）、网际层（Internet Layer）和网络接口层（Network Interface Layer）。

7.1.6　无线局域网

随着移动电话、笔记本电脑等各种移动便携设备进入普通家庭生活，用户对无线网络提出了更高的要求。早期的无线网络从红外线技术发展到蓝牙，可以无线传输数据。多用于系统互连，但不能组建局域网。相比之下，新一代的无线网络不仅能连接计算机，还可以建立无需布线且使用非常自由的无线局域网（WLAN）。无线局域网中有许多台计算机，每台计算机都有一个无线调制解调器和一个天线，通过天线与其他系统通信。

针对无线局域网，美国电气和电子工程师协会（IEEE）制定了一系列无线局域网标准，即 IEEE 802.11 系列标准。IEEE 802.11 网络也称为 Wi-Fi 网络，Wi-Fi 具有传输速度高、覆盖范围大等优点。

7.2 因特网基础

因特网对大多数人来说都不陌生，这是一个世界性的巨大计算机网络体系，把全世界数以万计的计算机网络，数以万计的主机连接起来。它包含了大量的信息资源，向全世界提供信息服务。因特网成为获取信息的一种方便、快捷、有效的手段。

7.2.1 因特网

Internet 又称因特网，它是由那些使用公用语言互相通信的计算机连接而成的全球网络。简单来说，就是全球资源的汇总。在因特网上的任何一台计算机和结点可以访问全球其他结点的网络资源。因特网是以相互交流信息资源为目的，基于一些共同的协议并通过许多路由器和公共互联网连接而成的，它是一个信息资源和资源共享的集合。

Internet 的前身是 ARPANET，始建于 1969 年。1983 年原来的 ARPANET 又分成了两个网络，即 ARPANET 和 MILNET。这两个网络互联互通，可进行联机通信和资源共享。这个网际互联的网络最初被称为 DARPA Internet，随后不久就简称为 Internet。1985 年，美国国家科学基金会，共享 ARPANET 所连接的 4 台计算机主机，采用 TCP/IP 通信协议，并于 1986 年建立了 NSFNET 广域网，各机构纷纷把自己的局域网并入到 NSFNET 中。这样 NSFNET 取代 ARPNET，成为 Internet 主干网。

1994 年，我国正式加入 Internet，当时由我国几大院校和科研机构组成的 NCFC 网，正式开通了于国际 Internet 的 64 Kb/s 的专线，并以"CN"作为我国最高域名在 Internet 网络中心登记注册，使我国成为 Internet 正式成员之一。

7.2.2 TCP/IP 协议的作用原理

TCP/IP 协议是使用于因特网计算机通信的一组协议。它是一个四层的体系结构，这四层结构分别是应用层、传输层、网际层和网络接口层。

（1）应用层

的功能是为用户提供网络应用并为应用程序提供访问其他层服务的能力，即将用户的数据发送到 TCP/IP 模型下面的层次，并为应用程序提供网络接口。包括的协议有 HTTP、TELNET、FTP、NFS、DNS。

（2）传输层

传输层介质提供可靠的、端到端的、两个主机进程之间的数据传输，即一台主机上的应用程序进程到另一台主机上应用程序进程之间的通信。包括的协议有 TCP 和 UDP。

（3）网际层

网际层是 TCP/IP 的核心层次，主要负责各种支持 TCP/IP 协议网络的互联互通。网络层的核心功能是路由选择，即根据目的主机的 IP 地址进行寻址并选择合适的路径进行数据分组传送，包括的协议有 ICMP、IPv6、IPv4。

（4）网络接口层

网络接口层位于 TCP/IP 模型的底部，负责接收从网络层传递来的 IP 数据包并发送到网络传输介质上，以及从网络传输介质上接收数据流并抽取 IP 数据包后提交给网络层。

以上传输层的 TCP 协议和网络层的 IP 协议是最重要的两个核心协议。

（1）TCP 协议

TCP 协议是面向连接的协议，位于传输层。用户数据可以被顺序而可靠地传输，TCP 协议提供的恢复机制可以有效地解决分组可能发生的丢失、破坏、重复或者乱序等各种差错。

（2）IP 协议

IP 协议主要提供的是无连接的分组传输和路由的选择。

7.2.3 因特网中的客户/服务器体系结构

计算机网络中的每台计算机都是"自治"的，既要为本地用户提供服务，也要为网络中其他主机的用户提供服务。因此每台联网计算机的本地资源都可以作为共享资源，提供给其他主机用户使用。而网络上大多数服务是通过一个服务程序进程来提供的，这些进程要根据每个获准的网络用户请求执行相应的处理，提供相应的服务，以满足网络资源共享的需要，实质上是进程在网络环境中进行通信。

在因特网的 TCP/IP 环境中，联网计算机之间进程相互通信的模式主要采用客户/服务器（Client/Server）模式，也简称为 C/S 结构。在这种结构中，客户和服务器分别代表相互通信的两个应用程序进程，所谓"Client"和"Server"并不是我们常说的硬件中的概念，特别要注意与通常称作服务器的高性能计算机区分开。图 7-3 给出了 C/S 结构的进程通信相互作用，其中客户向服务器发出服务请求，服务器响应客户的请求，提供客户所需要的网络服务。提出请求，发起本次通信的计算机进程叫作客户进程，而响应、处理请求，提供服务的计算机进程叫作服务器进程。

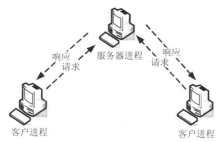

图 7-3 C/S 结构的进程通信示意

因特网中常见的 C/S 结构的应用有 TELNET 远程登录、FTP 文件传输服务、HTTP 超文本传输服务、电子邮件服务、DNS 域名解析服务等。

7.2.4 因特网 IP 地址和域名的工作原理

因特网通过路由器将成千上万个不同类型的物理网络互联在一起，是一个超大规模的网络，为了使信息能够准确到达因特网上指定的目的节点，我们必须给因特网上每个节点（主机、路由器等）指定一个全局唯一的地址标识，就像每一部电话都具有一个全球唯一的电话号码一样。在因特网通信中，可以通过 IP 地址和域名实现明确的目的地指向。

1. IP 地址

IP 地址是 TCP/IP 协议中所使用的网络层地址标识。IP 协议经过近 30 年的发展，主要有两个版本：IPv4 协议和 IPv6 协议，它们的最大区别就是地址表示方式不同。目前因特网广泛使用的是 IPv4，即 IP 地址第四版本，在本书中如果不加以说明，IP 地址是指 IPv4 地址。

IPv4 地址用 32 个比特（4 个字节）表示，为了便于管理和配置，将每个 IP 地址分为四段（一个字节为一段），每一段用一个十进制数表示，段和段之间用圆点"."隔开。可见每个段的十进制数范围是 0～255。例如：202.205.16.23 和 10.2.8.11 都是合法的 IP 地址。一台主机的 IP 地址由网络号和主机号两部分组成，IP 地址的结构如图 7-4 所示。

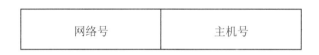

网络号	主机号

图 7-4 IP 地址结构图

IP 地址由各级因特网管理组织进行分配，它们被分为不同的类别，根据地址的第一段分为 5 类：0 到 127 为 A 类；128 到 191 为 B 类；192 到 223 为 C 类，D 类和 E 类留做特殊用途。但是由于近年来，因特网上的节点数量增长速度太快，IP 地址逐渐匮乏，很难达到 IP 设计初期希望给每一台主机都分配唯一 IP 地址的期望。因此在标准分类的 IP 地址上，又可以通过增加子网号来灵活分配 IP 地址，减少 IP 地址浪费。20 世纪 90 年代又出现了无类别域间路由技术与 NAT 网络地址转换技术等对 IPv4 地址的改进方法。

为了解决 IPv4 协议面临的各种问题，新的协议和标准诞生了——IPv6。在 IPv6 协议中包括新的协议格式，有效的分级寻址和路由结构、内置的安全机制、支持地址自动配置等特征，其中最重要的就是长达 128 位的地址长度。IPv6 地址空间是 IPv4 的 2^{96} 倍，能提供多达超过 3.4×10^{38} 个地址。可以说，有了 IPv6，在今后因特网的发展中，几乎可以不用再担心地址短缺的问题了。

2. 域名

用上面的数字方式表示的 IP 地址标识因特网上的节点，对于计算机来说，是合适的。但是对于用户来说，记忆一组毫无意义的数字相当困难。为此，TCP/IP 引进了一种字符型的主机命名制，这就是域名。

域名（Domain Name）的实质就是用一组由字符组成的名字代替 IP 地址，为了避免重名，域名采用层次结构，各层次的子域名之间用圆点"."隔开，从右至左分别是第一级域名（或称顶级域名），第二级域名，……，直至主机名。其结构如下：

主机名. ……. 第二级域名. 第一级域名

国际上，第一级域名采用通用的标准代码，它分组织机构和地理模式两类。由于因特网诞生在美国，所以其第一级域名采用组织机构域名，美国以外的其他国家都采用主机所在地的名称为第一级域名，例如：CN（中国）、JP（日本）、KR（韩国）、UK（英国）等。表 7-1中列出了一些常用一级域名与标准代码。

表7-1　常用一级域名的标准代码

域名代码	意义
COM	商业组织
EDU	教育机构
GOV	政府机关
MIL	军事部门
NET	主要网络支持中心
ORG	其他组织
INT	国际组织
<country code>	国家代码（地理域名）

根据《中国互联网络域名注册暂行管理办法》规定，我国的第一级域名是 CN，次级域名也分类别域名和地区域名，共计 40 个。类别域名有：AC 表示科研院及科技管理部门，GOV表示国家政府部门，ORG 表示各社会团体及民间非营利组织，NET 表示互联网络、接入网络的信息和运行中心，COM 表示工商和金融等企业，EDU 表示教育单位，共 6 个。地区域名有 34 个"行政区域名"，如：BJ（北京市），SH（上海市），TJ（天津市），CQ（重庆市），JS（江苏省），ZJ（浙江省），AH（安徽省），FJ（福建省）等。

3. DNS 原理

域名和 IP 地址都表示主机的地址，实际上是一件事物的不同表示。用户可以使用主机的IP 地址，也可以使用它的域名。从域名到 IP 地址或者从 IP 到域名的转换由域名解析服务器DNS（Domain Name Server）完成。

当我们用域名访问网络上某个资源地址时，必须获得与这个域名相匹配的真正的 IP 地址。这时用户可以将希望转换的域名放在一个 DNS 请求信息中，并将这个请求发送给 DNS 服务器。DNS 从请求中取出域名，将它转换为对应的 IP 地址，然后在一个应答信息中将结果地址返回给用户。

7.2.5　接入因特网

因特网接入方式通常有专线连接、局域网连接、无线连接和电话拨号连接 4 种。其中使用 ADSL 方式拨号连接对众多个人用户和小单位来说，是最经济、简单、采用最多的一种接入方式。无线连接也成为当前流行的一种接入方式，给网络用户提供了极大的便利。

1．ADSL

目前用电话线接入因特网的主流技术是 ADSL（非对称数字用户线路），这种接入技术的非对称性体现在上、下行速率的不同，高速下行信道向用户传送视频、音频信息，速率一般在 1.5~8 Mbps，低速上行速率一般在 16~640 Kbps。

采用 ADSL 接入因特网，除了一台带有网卡的计算机和一条直拨电话线外，还需向电信部门申请 ADSL 业务。由相关服务部门负责安装话音分离器和 ADSL 调制解调器和拨号软件。完成安装后，就可以根据提供的用户名和口令拨号上网了。

2．ISP

要接入因特网，寻找一个合适的 Internet 服务提供商（Internet Service Provider，ISP）是非常重要的。ISP 提供分配 IP 地址和网关及 DNS、联网软件、各种因特网服务、接入服务。

3．无线连接

构建无线局域网，首先需要一台无线 AP，是无线局域网络中的桥梁。有了 AP，装有无线网卡的计算机或支持 Wi-Fi 功能的手机等设备就可以快速轻易地与网络相连，通过 AP，这些计算机或无线设备就可以接入因特网。

几乎所有的无线网络都在某一个点上连接到有线网络中，以便访问 Internet。要接入因特网，AP 还需要与 ADSL 或有线局域网连接，AP 就像一个简单的有线交换机一样将计算机和 ADSL 或有线局域网连接起来，从而达到接入因特网的目的。当然现在市面上已经有一些产品，如无线 ADSL 调制解调器，它相当于将无线局域网和 ADSL 的功能合而为一，只要将电话线接入无线 ADSL 调制解调器，即可享受无线网络和因特网的各种服务了。

7.3 使用简单的因特网应用

目前，人们使用网络的范围早已超越一个单位、一个城市甚至一个国家。随着 Internet 的迅速发展，提供的信息服务不断增多，用户能够从中获取大量信息。

7.3.1 网上漫游

在因特网上浏览信息是因特网最普遍也最受欢迎的应用之一。用户可以随心所欲地在信息的海洋中冲浪，获取各种有用的信息。在开始使用浏览器上网浏览之前，先简单介绍几个与浏览相关的概念。

1．相关概念

（1）万维网

万维网（World Wide Web，WWW）不是普通意义上的物理网络，而是一种信息服务器的集合标准。WWW 采用客户机/服务器的模式进行工作。客户机是连接到 Internet 的无数计算机，在客户机方面使用的程序称为 Web 浏览器，如 Internet Explorer。

WWW 以超文本方式提供世界范围内的多媒体信息服务。

Internet、超文本和多媒体这三项技术相结合，促使了万维网的诞生，目前万维网已经成为 Internet 上查询信息的最流行手段。

每一个 Web 服务器除了提供自己独特的信息服务外，还可以用超链接指向其他的 Web 服务器。这样一个全球范围的 Web 服务器组成的万维网就形成了。

（2）超文本和超链接

超文本是一种人机界面友好的计算机文本显示技术，可以对文本中的有关词汇或句子建立链接，使其指向其他段落、文本或弹出注解。这种指向其他段落、文本的链接叫超链接。通过这些链接，用户可以从一个网页跳向另一个网页，从一台服务器跳向另一台服务器，从一个图像链向另一个图像进行 Internet 的漫游。

（3）统一资源定位器

在 WWW 上每一信息都有统一的且在网上唯一的地址。该地址被称为统一资源定位器（URL），它是 WWW 的统一资源定位标志。URL 是一种统一格式的 Internet 信息资源地址表达方法，它将 Internet 提供的各类服务统一编址，以便查询。

URL 的格式为：

协议://IP 地址或域名/路径/文件名

（4）浏览器

浏览器诞生于 1990 年，最初只能浏览文本内容。现代的 Web 浏览器包容了因特网的大多数应用协议，可以显示文本、图形、图像、视频，并成为访问因特网各类信息服务的通用客户端程序。目前最流行的 Web 浏览器是微软公司的 IE 浏览器。

（5）FTP 文件传输协议

FTP 是一种常用的应用层协议。协议是以客户／服务器模式进行工作的。客户端提出请求和接收服务，并利用它与远程计算机系统建立连接，激活远程计算机系统上的 FTP 服务程序。因此本地的 FTP 程序就成为一个客户，而远程 FTP 程序成为服务器。

当需要用 FTP 服务时，可以采用两个程序：一个是本地 FTP 客户程序，提出传输文件的请求；另一个是运行在远程计算机上的 FTP 服务器程序，负责响应请求并把指定文件传送到客户端计算机。

Internet 上有很大一部分 FTP 服务器被标为匿名 FTP 服务器，目的是向公众提供文件传输服务。因此，不要求用户事先在该服务器登记。

2．浏览网页

浏览 WWW 必须使用浏览器。下面以 Internet Explorer 9（IE 9，或简称 IE）为例，介绍浏览器的常用功能及操作方法。本书中使用的浏览器除另作说明外，均指 IE 9。

（1）IE 的启动和关闭

有如下 2 种方式启动 IE 9：

①单击桌面左下角任务栏中的 IE 图标 。

②选择"开始/所有程序"单击列表中的"Internet Explorer"。实际上在 Windows 环境下，IE 就是一个应用程序，上述都是启动一个应用程序的过程。

有如下 4 种方法关闭 IE 9：

①单击 IE 窗口右上角的关闭按钮 。

②右键单击 IE 窗口上方空白处，在弹出的快捷菜单中单击"关闭"。

③右键单击任务栏中的 IE 图标，在弹出的快捷菜单中，单击"关闭窗口"。

④选中 IE 窗口后，按组合快捷键 Alt+F4。

（2）IE 9 的窗口

当启动 IE 后，出现一个窗口，这个窗口内会打开一个选项卡，也就是我们浏览的主要位置。

窗口右上角排列着"最小化"按钮 ▬ 、"最大化"按钮 ▢ 和"关闭"按钮 **X** 。

窗口上方排列着"前进"按钮、"后退"按钮、地址栏、"主页"按钮 🏠 、"查看收藏夹、源和历史记录"按钮 ⭐ 、"工具"按钮 ⚙ 。

"前进"、"后退"按钮：在浏览记录时前进、后退方便查找不久前访问过的网页。

地址栏：键入要浏览的 Web 页的地址（即 URL）后，按回车键或单击地址栏后的图标 →，才能浏览这个页面。IE 9 中，在地址栏输入关键字进行搜索。

"主页"按钮：单击 🏠 IE 打开一个选项卡，选项卡默认显示主页。

"查看收藏夹、源和历史记录"按钮：收藏着历史记录、保存的收藏夹和源。

"工具"按钮：可以进行打印、保存网页、网页的缩放、安全和 Internet 选项的设置。

IE 9 将菜单栏、命令栏和状态栏隐藏起来，要将其重新显示，可右键单击窗口上方空白处，在弹出的快捷菜单中勾选"菜单栏"、"命令栏"和"状态栏"，如图 7-5 所示。

图 7-5 工具栏快捷菜单

（3）页面浏览

浏览一个页面没有严格的顺序要求，只要注意一般的约定和习惯就可以顺利浏览了。浏览通常会用到如下操作：

①填入 Web 地址

将插入点移到地址栏内就可以输入 Web 地址了。IE 为地址输入提供了很多方便，如：用户不用输入像"http://"、"ftp://"这样的协议开始部分，IE 会自动补上。还有，用户第一次输入某个地址时，IE 会记忆这个地址，再次输入这个地址时，只需输入开始的几个字符，IE 就会检查保存过的地址并把其开始几个字符与用户输入的字符符合的地址罗列出来。用户可以用鼠标上下移动选择其一，然后单击即可转到相应地址。如图 7-6 所示，当输入字母 s 后，IE 会列出多个域名前几个字母为"s"的页面地址，只要从中选定所需的一个单击就可以了，不必输入完整的 URL。

图 7-6 页面地址 URL 的输入示例

此外，单击地址列表右端的下拉按钮 ▾，会出现曾经浏览过的 Web 地址记录，用鼠标单击一个地址，相当于输入了这个地址并回车。

输入 Web 地址后，按回车键或单击"转到"按钮 →，浏览器就会按照地址栏中的地址，转到相应的网站或页面。这个过程通常需要等待片刻，因为浏览器从因特网上下载页面需要一点时间。

②浏览页面

进入页面后即可浏览了。某个 Web 站点的第一页称为主页或首页，主页上通常都设有类似目录一样的网站索引，表述网站设有哪些主要栏目、近期要闻或改动等。需要注意的是，网页上有很多链接，它们或显现不同的颜色，或有下划线，或是图片，最明显的标志是当鼠标光标移到其上时，光标会变成一只小手 🖐。单击一个链接就可以从一个页面转到另一个页面，再单击新页面中的链接又能转到其他页面。依此类推，便可沿着链接前进，就像从一个浪尖转到另一个浪尖一样，所以人们把浏览比作"冲浪"。要注意的是，有的链接点击之后会使本窗口页面内容改变，跳转到链接的页面，而有的链接点击之后会打开一个新的窗口去显示页面。对于前者，我们可以在超链接上点击鼠标右键，在弹出菜单上单击"在新窗口中打开"，这样就可以在新的 IE 窗口中打开跳转页面了。

在浏览中，可能需要返回前面曾经浏览过的页面。此时，可以使用"标准按钮"工具栏中的"主页"、"后退"、"前进"按钮来浏览最近访问过的页面。

- 单击"主页"按钮可以返回启动 IE 时默认显示的 Web 页。
- 单击"后退"按钮可以返回到上次访问过的 Web 页。
- 单击"前进"按钮可以返回单击"后退"按钮前看过的 Web 页。
- 在单击"后退"和"前进"按钮并保持按住鼠标，可以打开一个下拉列表，列出最近浏览过的几个页面，单击选定的页面，就可以直接转到该页面。
- 单击"停止"按钮 ✕，可以终止当前的链接继续下载页面文件。
- 单击"刷新"按钮 ↻，可以重新传送该页面的内容。

IE 浏览器还提供了许多其他的浏览方法，方便用户的使用，如：利用"历史"、"收藏夹"或"链接"等实现有目的的浏览，提高浏览效率。我们将在后面分别介绍。

此外，很多网站（如 Yahoo、Sohu 等）都提供到其他站点的导航，还有一些专门的导航网站（如百度网址大全、网址之家等），可以在上面通过分类目录导航的方式浏览网页，都是比较好的方法。

3．Web 页面的保存和阅读

在浏览过程中，尝尝会遇到一些精彩或有价值的页面需要保存下来，待以后慢慢阅读，或拷贝到其他地方。而且有的因特网接入方式是按上网时间计费，因此将 Web 页保存到硬盘上也是一种经济的上网方式。

（1）保存 Web 页

保存全部 Web 页的具体操作步骤如下：

①打开要保存的 Web 页面。

②按 Alt 键显示菜单栏，单击"文件/另存为"命令，打开"另存为"对话框。

③选择要保存文件的盘符和文件夹。

④在文件名框内输入文件名。

⑤在保存类型框中，根据需要可以从"网页，全部"、"Web 档案，单个文件"、"网页，仅 HTML"、"文本文件"三类中选择一种。文本文件节省存储空间，但是只能保存文字信息，不能保存图片等多媒体信息。

⑥单击"保存"按钮保存。

（2）打开已保存的 Web 页

对已经保存的 Web 页，可以不用链接因特网就打开阅读，因为网页的内容已经保存在本机上了，不再需要上网传输下载的过程。打开已保存 Web 页的具体操作如下：

①按 Alt 键显示菜单栏，在 IE 窗口上单击"文件/打开"命令，显示"打开"对话框。

②在"打开"对话框的打开文本框中输入所保存的 Web 页的盘符和文件夹名。也可以单击"浏览"按钮，直接从文件夹目录中指定所要打开的 Web 页文件。

③单击"确定"按钮，就可以打开指定的 Web 页。

（3）保存部分 Web 页内容

有时候我们需要的并不是页面上的所有信息，这时我们可以灵活运用 Ctrl+C（复制）和 Ctrl+V（粘贴）两个快捷键将 Web 页面上部分感兴趣的内容复制、粘贴到某一个空白文件上。具体步骤如下：

①用鼠标选定想要保存的页面文字。

②按下 Ctrl+C 快捷键，将选定的内容复制到剪贴板。

③打开一个空白的 Word 文档或记事本，按 Ctrl+V 将剪贴板中的内容粘贴到文档中。

④给定文件名和指定保存位置，保存文档。

注意：保存在记事本里的文字不会带有保留在页面上时的字体和样式，超链接的文字保存在记事本里也会失效。

（4）保存图片、音频等文件

WWW 网页内容是非常丰富的，我们浏览时除了保存文字信息，还经常会保存一些图片。保存图片的具体步骤如下：

①在图片上点击鼠标右键。

②在弹出的菜单上选择"图片另存为"，单击打开"保存图片"对话框。

③在对话框内选择要保存的路径，键入图片的名称。

④单击"保存"按钮。

因特网上的超链接都指向一个资源，这个资源可以是一个 Web 页面，也可以是声音文件、视频文件、压缩文件等文件。要下载保存这些资源，具体步骤如下：

①在超链接上点击鼠标右键。

②在弹出的菜单上选择"目标另存为"，单击打开"另存为"对话框。

③在对话框内选择要保存的路径，键入要保存的文件的名称。

④单击"保存"按钮。

如果要保存的文件较大，会出现一个下载传输状态窗口，如图 7-7 所示，这个窗口包括下载完成百分比和估计剩余时间。

图 7-7　文件下载窗口

4．更改主页

这里的"主页"是指每次启动 IE 后最先显示的某一个页面，为了节约时间，可以将它设置为最频繁查看的网站。更改主页的步骤如下：

①打开 IE 窗口。

②单击"工具/Internet 选项"命令，打开"Internet 选项"对话框。

③选择"常规"选项卡，如图 7-8 所示。

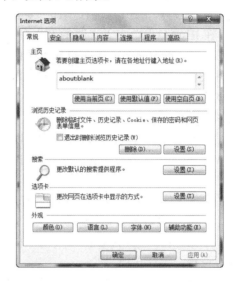

图 7-8　"Internet 选项"对话框

④在"主页"组中，单击"使用当前页"按钮，此时，地址框中就会填入当前 IE 浏览的 Web 页的地址。另外，还可以在地址框中自己输入想设置为主页的页面地址。如果希望 IE 启动的时候不显示任何一个网站的页面，只是显示空白窗口（这样打开 IE 的速度会比较快），那么可以单击"常规"选项卡中的"使用空白页"按钮。还有一个按钮"使用默认页"，如果单击这个按钮，地址栏里会变成操作系统为 IE 设置的一个默认页面地址。

⑤设置好主页地址之后，还没有生效，必须单击"确定"或"应用"按钮。单击"确定"按钮会关闭"Internet 选项"对话框，而单击"应用"按钮会使之前所做的更改生效，但是不会关闭"Internet 选项"对话框，以便用户继续更改其他选项。

5．"历史"按钮的使用

IE 会自动将浏览过的网页地址按日期先后保留在历史记录中，以备查用。灵活利用历史记录也可以提高浏览效率。历史记录保留期限（天数）的长短可以设置，如果磁盘空间充裕，保留天数可以多些，否则可以少一些。用户也可以随时删除历史纪录。下面简单介绍历史记录的利用和设置。

（1）"历史记录"的使用

使用操作如下：

①在 IE 窗口上单击"查看收藏夹、源和历史记录"按钮 ![star]，IE 窗口左侧会打开一个"查看收藏夹、源和历史记录"窗口。

②选择"历史记录/按日期查看"单击指定日期的文件夹图标 ![grid]，进入下一级文件夹。

③单击希望选择的网页文件夹图标 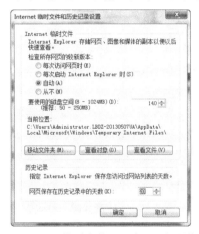。

④单击访问过的网页地址图标，就可以链接到此网页，进行浏览。

⑤单击"历史记录"小窗口上面的关闭按钮 **✕** 可以关闭"历史记录"窗口。

也可以选择"历史记录/按站点查看"、"历史记录/按访问次数查看"、"历史记录/按今天的访问顺序查看"和"历史记录/搜索历史记录"来查看历史记录。

（2）"历史记录"的设置和删除

对"历史记录"设置保存天数和删除操作如下：

①单击"工具/Internet 选项"命令，打开"Internet 选项"对话框。

②单击"常规"标签，出现"常规"选项卡。

③在"浏览历史纪录"组，单击"设置"按钮，弹出"Internet 临时文件和历史记录设置"对话框，在"网页保存在历史记录中的天数"中输入天数，系统默认为 20 天。如图 7-9 所示。

图 7-9 "Internet 临时文件和历史记录设置"对话框

④如果要删除所有的历史记录，在"常规"选项卡中，单击"删除"按钮，在弹出"删除浏览的历史记录"对话框（图 7-10）的复选框中选中需要删除的项，单击"删除"按钮，就可以清除所有的历史记录（注意，这个删除操作会立刻生效）。

⑤单击"确定"按钮，关闭"Internet 选项"对话框。

图 7-10 "删除浏览的历史记录"对话框

6. 收藏夹的使用

在网上浏览时，人们总希望将喜爱的网页地址保存起来以备使用。IE 提供的收藏夹提供保存 Web 页面地址的功能。收藏夹有两个明显的优点：其一，收入收藏夹的网页地址可由浏览者给定一个简明的、便于记忆的名字，当鼠标指针指向此名字时，会同时显示对应的 Web 页地址。单击该名字就可以转到相应的 Web 页，省去了在地址栏键入地址的操作。其二，收藏夹的机理很像资源管理器，管理、操作都很方便。掌握收藏夹的操作对提高浏览网页的效率是很有益的。下面介绍如何将网页地址添加到收藏夹和整理收藏夹的具体步骤。

1）将 Web 页地址添加到收藏夹中

往收藏夹里添加 Web 页地址的方法很多，而且都很方便。常用的方法是：

（1）使用"添加到收藏夹"按钮

将当前打开的网页存放到收藏夹中的操作如下：

①打开要收藏的网页。

②单击"查看收藏夹、源和历史记录"按钮，选择"收藏夹"选项卡，单击"添加到收藏夹"按钮，弹出"添加收藏"对话框，如图 7-11 所示。

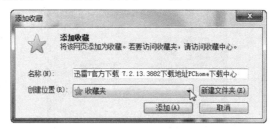

图 7-11 "添加收藏"对话框

③单击"创建位置"下拉箭头，选择要保存的位置，单击"添加"按钮。

④如果要改名字，可以将插入点移到"名称"框中，输入给定的名字。也可以直接使用系统给定的名字。

（2）在收藏夹中创建新文件夹

收藏夹下可以包含若干个子文件夹，将收藏的页面地址分门别类地组织到各文件夹中，以便于使用。创建新文件夹并将 Web 页收藏在新建文件夹下的操作步骤如下：

①单击"添加收藏"对话框中"新建文件夹"按钮，打开"创建文件夹"对话框。

②在"文件夹名"框中输入新文件夹名，单击"创建"按钮。此时，在收藏夹下就添加了一个新建的文件夹，并处于打开状态。

③单击"添加"按钮，就将当前打开的 Web 页地址添加到新建的文件夹中。

（3）拖动收藏法

拖动网页图标到收藏夹或其中某个子文件夹中是一种快捷的收藏方法。具体操作如下：

①打开要收藏的网页。

②单击"查看收藏夹、源和历史记录"按钮，单击"固定收藏中心" 。

③拖动地址框中网页地址前面的图标到收藏夹中，或某一个文件夹中。鼠标指针所过之处会依次出现一条黑线，它表示鼠标的位置，此时放开左键，网页地址就会存于黑线所指处。当黑线落在某个文件夹上时，稍候该文件夹会自动展开，如果此时放开左键，则网页地址就

存放在该文件夹下了。

2）使用收藏夹中的地址

收藏地址是为了方便我们的使用。单击"查看收藏夹、源和历史记录"按钮，选择"收藏夹"选项卡。类似于操作资源管理器，在收藏夹窗口中，选择所需的 Web 页名称（或先打开文件夹，然后再选择其中的 Web 页名称）并单击，就可以转向相应的 Web 页。

3）整理收藏夹

当收藏夹中的网页地址越来越多时，为了便于查找和使用，我们就需要利用整理收藏夹的功能进行整理，使收藏夹中的网页地址存放得更有条理。单击"查看收藏夹、源和历史记录"按钮，单击"添加到收藏夹"下拉箭头，选择"整理收藏夹"，打开"整理收藏夹"对话框，如图 7-12 所示。选中要变更的网页地址，使用"新建文件夹"、"移动…"、"重命名"和"删除"四个命令达到收藏夹的目的。

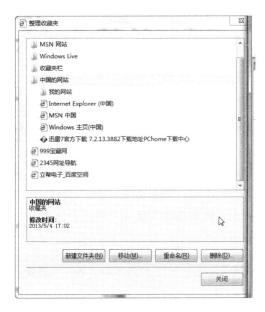

图 7-12　"整理收藏夹"对话框

7.3.2　信息的搜索

因特网就像一个浩瀚的信息海洋，如何在其中搜索到自己需要的有用信息，是每个因特网用户遇到的问题。利用像 Yahoo、新浪等网站提供的分类站点导航，是一个比较好的寻找有用信息的方法，但其搜索的范围还是太大，步骤也较多。最常用的方法是利用搜索引擎，根据关键词来搜索需要的信息。

实际上，因特网上有不少好的搜索引擎，如：百度（www.baidu.com）、谷歌（www.google.com）、搜狐（www.sohu.com）提供的搜索引擎搜狗（www.sogou.com）等都是很好的搜索工具。这里，以使用百度为例，介绍一些最简单的信息检索方法，以提高信息检索效率。

具体操作步骤：

①在 IE 的地址栏中输入 www.baidu.com 打开百度搜索引擎的页面。在文本栏中键入关键词，如"奥运会比赛项目"，如图 7-13 所示。

图7-13 百度搜索引擎主页

②单击文本框后面的"百度一下"按钮，开始搜索。最后，得到搜索结果页面如图 7-15 所示。

③在搜索结果页面中列出了所有包含关键词"奥运会比赛项目"的网页地址，单击某一项就可以转到相应网页查看内容了。

图7-14 搜索结果页面示例

另外，我们从图 7-14 上可以看到，关键词文本框上方除了默认选中的"网页"之外，还有"新闻"、"贴吧"、"知道"、"MP3"、"图片"、"视频"等标签。在搜索的时候，选择不同标签，就可以针对不同的目标进行搜索，可大大提高搜索的效率。

其他搜索引擎的使用，和百度的使用基本类似。

7.3.3　使用 FTP 传输文件

前面章节我们简单介绍了 FTP（文件传输协议）的原理，它的应用也非常简单，这里我们主要介绍如何在 FTP 站点上浏览和下载文件。通过之前的学习，我们了解了如何用 IE 浏览器浏览网页。浏览器还有个功能，那就是可以以 Web 方式访问 FTP 站点，如果访问的是匿名 FTP 站点，则浏览器可以自动匿名登录。

当我们要登录一个 FTP 站点时，需要打开 IE 浏览器，在地址栏输入 FTP 站点的 URL。需要注意的是，因为要浏览的是 FTP 站点，所以 URL 的协议部分应该键入 ftp，例如一个完整的 FTP 站点 URL（下面为华南理工大学的 FTP 站点 URL）：

ftp://ftp.scut.edu.cn

1. 使用 IE 浏览器访问 FTP 站点

使用 IE 浏览器访问 FTP 站点并下载文件的操作步骤如下：

（1）打开 IE 浏览器，在地址栏中输入要访问的 FTP 站点地址，单击地址栏后面的"转到"按钮。

（2）如果该站点不是匿名站点，则 IE 会提示输入用户名和密码，然后再登录；如果是匿名站点，IE 会自动匿名登录（如本例中的站点）。登录成功后的界面如图 7-15 所示。当有文件或文件夹需要下载，我们可以在该文件或文件夹的图标上单击右键，选择"目标另存为"。

图 7-15　使用 IE 浏览 FTP 站点

2．在 Windows 资源管理器中查看 FTP 站点

在 Windows 资源管理器中查看 FTP 站点的操作步骤如下：

（1）单击任务栏"资源管理器"图标 ，单击"计算机"。在"地址栏"键入 FTP 站点。单击 ，如图 7-16 所示。

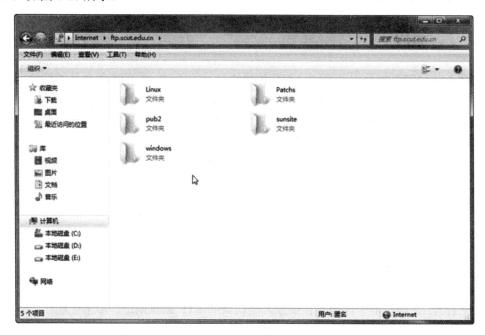

图 7-16　使用 Windows 资源管理器浏览 FTP 站点

（2）当有文件或文件夹需要下载，我们可以在该文件或文件夹的图标上单击右键，在展开菜单中单击"复制到文件夹…"，然后在弹出的"浏览文件夹"窗口中选择要复制到的目的文件夹，然后单击"确定"按钮关闭对话框。

7.3.4　电子邮件

1．电子邮件概述

电子邮件（E-mail）是因特网上使用非常广泛的一种服务。类似于生活中普通邮件的传递方式，电子邮件采用存储转发的方式进行传递，根据电子邮件地址（E-mail Address）由网上多个主机合作实现存储转发，从发信源节点出发，经过路径上若干个网络节点的存储和转发，最终使电子邮件传送到目的邮箱。由于电子邮件通过网络传送，具有方便、快速、不受地域或时间限制、费用低廉等优点，很受广大用户欢迎。

与通过邮局邮寄信件必须写明收件人的地址类似，要使用电子邮件服务，首先要拥有一个电子邮箱，每个电子邮箱应有一个唯一可识别的电子邮件地址。电子邮箱是由提供电子邮件服务的机构为用户建立的。任何人都可以将电子邮件发送到某个电子邮箱中，但是只有电子邮箱的拥有者输入正确的用户名和密码，才能查看到 E-mail 的内容。

1）电子邮件地址

每个电子邮箱都有一个电子邮件地址，地址的格式是固定的：<用户标识>@<主机域名>。

它由收件人用户标识（如姓名或缩写），字符"@"（读作"at"）和电子邮箱所在计算机的域名三部分组成。地址中间不能有空格或逗号。例如：benlinus@sohu.com 就是一个电子邮件地址，它表示在"sohu.com"邮件主机上有一个名为 benlinus 的电子邮件用户。

电子邮件首先被送到收件人的邮件服务器，存放在属于收件人的 E-mail 邮箱里。所有的邮件服务器都是 24 小时工作，随时可以接收或发送邮件，发信人可以随时上网发送邮件，收件人也可以随时连接因特网，打开自己的信箱阅读邮件。由此可知，在因特网上收发电子邮件不受地域或时间的限制，双方的计算机并不需要同时打开。

2）电子邮件的格式

电子邮件都有两个基本部分：信头和信体。信头相当于信封，信体相当于信件内容。

（1）信头

信头中通常包括如下几项：

收件人：收件人的 E-mail 地址。多个收件人地址之间用分号（；）隔开。

抄送：表示同时可以接收到此信的其他人的 E-mail 地址。

主题：类似一本书的章节标题，它概括描述新建内容的主题，可以是一句话或一个词。

（2）信体

信体就是希望收件人看到的正文内容，有时还可以包含有附件，比如照片、音频、文档等文件都可以作为邮件的附件进行发送。

3）申请免费邮箱

为了使用电子邮件进行通信，每个用户必须有自己的邮箱。一般大型网站，如新浪（www.sina.com.cn）、搜狐（www.sohu.com）、网易（www.163.com）都提供免费邮箱。这里举例简单介绍在搜狐上注册"免费邮箱"：当进入搜狐主页后，单击"邮件"一项，如图 7-17 所示，就可以进入"搜狐邮箱"页面，如果还没有账号，则单击"注册免费邮箱"按钮进入注册免费邮件的页面，然后，按要求逐一填写各项必要的信息，如用户名、口令等，进行注册。注册成功后，就可以登录此邮箱收发电子邮件了。

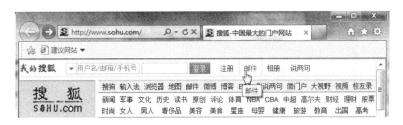

图 7-17　申请免费电子邮箱示例

2．Outlook 2010 的使用

除了在 Web 页上进行电子邮件的收发，我们还可以使用电子邮件客户端软件，在日常应用中，使用后者更加方便，功能也更为强大。目前电子邮件客户端软件很多，如 Foxmail、金山邮件、Outlook 2010 等都是常用的收发电子邮件客户端软件。虽然各软件的版面各有不同，但其操作方式基本都是类似的。比如，要发电子邮件，就必须填写收件人的邮件地址、主题和邮件体。下面以 Microsoft Outlook 2010 为例详细介绍电子邮件的撰写、收发、阅读、回复和转发等操作。

1）账号的设置

在使用 Outlook 收发电子邮件之前，必须先对 Outlook 进行账号设置。

（1）选择"开始/所有程序/microsoft office/microsoft outlook2010"打开 Outlook。

（2）选择"文件"选项卡，在"信息/账户信息"中，如图 7-18 所示，单击"添加账户"按钮。

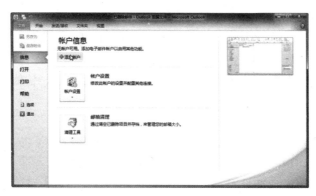

图 7-18 账户信息

（3）在弹出的"添加新账户"对话框中，选中"电子邮件账户"单选框，单击"下一步"按钮。如图 7-19 所示。在文本框中逐一填写用户名、电子邮箱地址和登录邮箱的密码等与邮件有关的信息，如图 7-20 所示。单击"下一步"按钮。

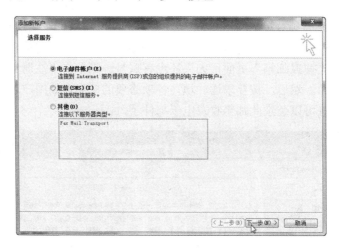

图 7-19 "添加新账户"对话框

（4）稍后便可看到添加新账户完成的信息如图 7-21 所示。单击"完成"按钮。

这样就可以使用 Outlook Express 打开所设置的邮箱进行邮件的收发了。

2）撰写与发送邮件

账号设置好就可收发电子邮件了。先试着给自己发送一封测试邮件，具体操作如下：

（1）选择"开始/所有程序/microsoft office/microsoft outlook2010"打开 Outlook。

（2）选择"开始"选项卡，"新建"组，单击"新建电子邮件"按钮。出现如图 7-22 所示的撰写新邮件窗口。窗口上半部为信头，下半部为信体。将插入点依次移到信头相应位置，

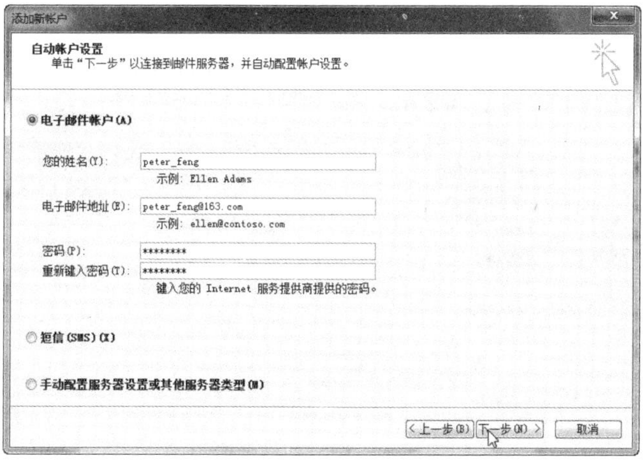

图 7-20　在"添加新账户"对话框输入信息

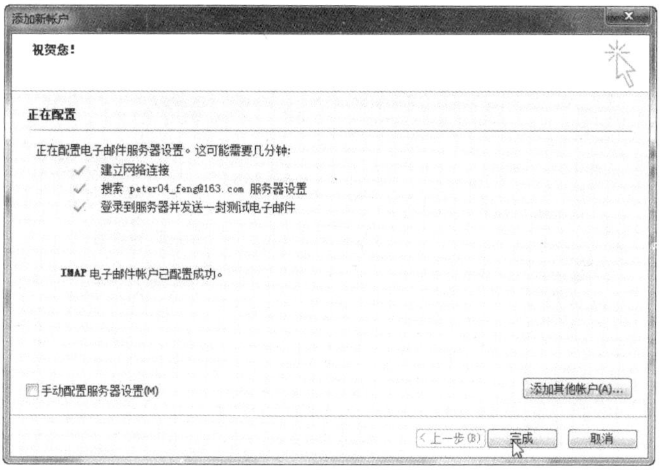

图 7-21　添加新账户完成

并填写如下各项：

　　收件人：peter04_feng@163.com（假设给自己发邮件，这里用发件人的 E-mail 地址）

　　抄送：bin20013@sina.com

　　主题：测试邮件

（3）将插入点光标移到信体部分，键入邮件内容。

（4）单击"发送"按钮，即可发往上述收件人。

　如果脱机撰写邮件，则邮件会保存在"发件箱"中，待下次连接到因特网时会自动发出。

　　提示：邮件信体部分可以像我们编辑 Word 文档一样去操作，例如可以改变字体颜色、大小，调整对齐格式，甚至插入表格、图形、图片，等等。

　　3）在电子邮件中插入附件

　　如果要通过电子邮件发送计算机中的其他文件，如 Word 文档、数码照片等，我们可以把这些文件当作邮件的附件随邮件一起发送。在撰写电子邮件的时候，可以按下列操作步骤

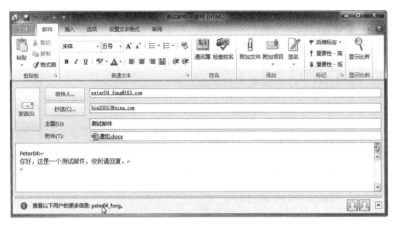

图 7-22 撰写新邮件窗口

在邮件中插入指定的计算机文件：

（1）单击"插入"标签，在弹出的"插入"选项卡，单击"添加"中的"附加文件"按钮 ，打开"插入附件"对话框，如图 7-23 所示。

图 7-23 "插入文件"对话框

（2）在对话框中选定要插入的文件，然后单击"插入"按钮。

（3）在新撰写邮件的"附件"框中就会列出所附加的文件名，参见图 7-22 所示。

4）密件抄送

有时候我们需要将一封邮件发送给多个收件人，这时可以在抄送栏中填入多个 E-mail 地址，地址之间用分号隔开。但是如果发件人不希望多个收件人看到这封邮件都发给了谁，就可以采取密件抄送的方式。举例来说，如果按如下所示发送邮件：

收件人：王枫（peter04_feng@163.com）

抄送：bin20013@sina.com；高燕（yan_gao07@sina.com）

密件抄送：于亮（liang_yu77@sohu.com）；范跃（yue_fan76@163.com）

那么该邮件将发送给收件人、抄送和密件抄送中列出的所有人，但 bin20013@sina.com 和高燕（yan_gao07@sina.com）不会知道于亮（liang_yu77@sohu.com）和范跃（yue_fan76@163.com）

也收到了该邮件。密件抄送中列出的邮件接收人彼此之间也不知道谁收到了邮件。本示例中，于亮（liang_yu77@sohu.com）和范跃（yue_fan76@163.com）互相不知道对方收到了该邮件的副本，但他们知道 bin20013@sina.com 和高燕（yan_gao07@sina.com）收到了邮件的副本。

使用密件抄送的步骤如下：

（1）打开图 7-22 所示的撰写新邮件窗口，默认情况下没有填写密件抄送邮件地址的位置，我们可以先将收件人和抄送的 E-mail 地址填写到对应的文本框中，然后单击"抄送"按钮 **抄送...**，弹出图 7-24 所示的"选择收件人"对话框，在这里我们可以直接从联系人中选择 E-mail 地址，添加到右边的邮件收件人中，从图上可以看到我们用按钮 **密件抄送 (B)：->**，将于亮和范跃两个联系人添加到了密件抄送列表中。

图 7-24　选择密件抄送邮件地址

（2）填写完毕，单击"确定"按钮，从图 7-25 所示的新邮件窗口可以看到，出现了"密件抄送"一栏，并且已填入了我们刚才输入的 E-mail 地址（本例中是于亮（liang_yu77@sohu.com）和范跃（yue_fan76@163.com））。

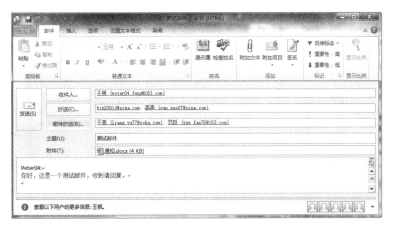

图 7-25　新邮件窗口中出现"密件抄送"栏

（3）完成新邮件的其他部分，单击"发送"按钮，完成新邮件的发送。

5）接收和阅读邮件

一般情况下，先连接到 Internet，然后启动 Outlook。如果要查看是否有电子邮件，则单击"自定义快速访问工具栏"上的"发送/接收所有文件夹"按钮 ![btn]。此时，会出现一个邮件发送和接收的对话框，当下载完邮件后，就可以查看阅读了。阅读邮件的操作如下：

（1）单击 Outlook 窗口左侧的 Outlook 栏中的"收件箱"按钮 ![收件箱]，便出现一个预览邮件窗口，如图 7-26 所示。窗口左侧为 Outlook 栏；中间为邮件列表区，收到的所有信件都在此列出（在"视图"下拉列表中可以选择"显示所有邮件"或"隐藏已读邮件"等视图方式）；右侧是邮件浏览区。若在邮件列表区中选择一个邮件并单击，则该邮件内容便显示在邮件浏览区中。

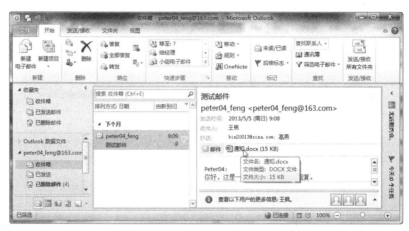

图 7-26 预览邮件窗口

（2）若要简单地浏览某个邮件，单击列表区中的某个邮件即可。若要详细阅读，必须双击它打开。现在我们双击列表区中的"测试邮件"邮件，将弹出阅读邮件窗口，如图 7-27 所示。

图 7-27 邮件阅读窗口

当阅读完一封邮件后，可直接单击窗口"关闭"按钮，结束此邮件的阅读。

6）阅读和保存附件

如果邮件含有附件，则在邮件列表框中，该邮件的右端会显示一个回形针图标 📎 。双击邮件浏览区，邮件图标右侧附加文件的文件名（本例为 📄通知.docx ）就可以阅读了。

如果要保存附件到另外的文件夹中，可右键单击附加文件的文件名，在弹出的快捷菜单中，单击下拉菜单中的"另存为"命令，如图 7-28 所示。打开"保存附件"窗口中指定文件夹名，单击"保存"按钮。

图 7-28　保存附加文件

7）答复与转发

（1）答复邮件

看完一封邮件需要回复时，在图 7-26 所示的邮件阅读窗口中单击"答复"或"全部答复"按钮。弹出如图 7-29 所示的"答复邮件"窗口，这里的发件人和收件人的地址已由系统自动填好，原信件的内容也都显示出来作为引用内容。编写答复邮件，这里允许原信内容和复信内容交叉，以便引用原信语句。答复内容写好后，单击"发送"按钮，就可以完成答复任务。

图 7-29　"答复邮件"窗口

（2）转发

如果觉得有必要让更多的人也阅览自己收到的这封信，例如用邮件发布的通知、文件等，就可以转发该邮件。可进行如下操作：

①对于刚阅读过的邮件，直接在邮件阅读窗口上点击"转发"按钮 。对于收件箱中的邮件，可以先选中要转发的邮件，然后单击"转发"按钮 。之后，均可进入类似回复窗口那样的转发邮件窗口。

②填入收件人地址，多个地址之间用逗号或分号隔开。

③必要时，在待转发的邮件之下撰写附加信息。最后，单击"发送"按钮，完成转发。

8）联系人的使用

联系人是 Outlook 中十分有用的工具之一。利用它不但可以像普通通讯录那样保存联系人的 E-mail 地址、邮编、通讯地址、电话和传真号码等信息，而且还可以自动填写电子邮件地址、电话拨号等功能。下面简单介绍联系人的创建和使用。

（1）联系人的建立

在联系人中添加联系人信息的具体步骤如下：

①选择"开始"选项卡，单击左下方"联系人"按钮 ，激活"联系人"窗口，如图 7-30 所示。

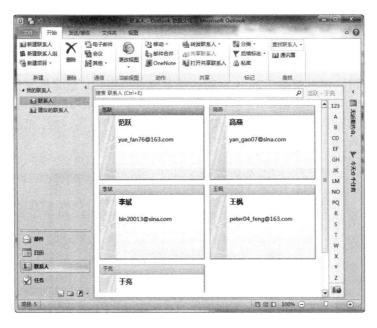

图 7-30　"联系人"窗口

②选择"开始"选项卡"新建"组，单击"新建联系人"在打开的窗口中输入联系人姓名以及有关联系人的其他信息，如图 7-31 所示。

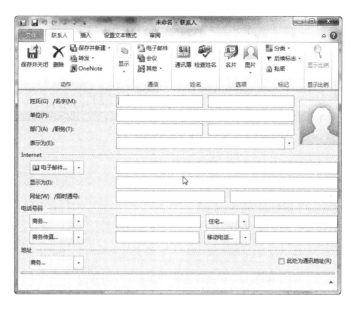

图 7-31 联系人的信息

③完成联系人信息输入后，选择"联系人"选项卡"动作"组，单击"保存并关闭"。

提示：右键单击 E-mail 地址栏，在弹出的快捷菜单中，单击"添加到 Outlook 联系人"可以将发件人的电子邮件地址添加到联系人中，如图 7-32 所示。

图 7-32 将发件人地址添加到联系人中

（2）联系人的使用

使用联系人可以自动填写电子邮件地址，使发送电子邮件变得更加轻松。具体操作步骤如下：

①新建一电子邮件，单击"收件人"按钮，弹出"选择姓名：联系人"对话框，如图 7-33 所示。

②选中收件人姓名，单击"收件人"按钮，即可完成收件人地址的填写。同样，还可填写"抄送"、"密件抄送"。单击"确定"按钮。

③退回到新建邮件时发现，"收件人"、"抄送"和"密件抄送"都自动填写完毕。

图 7-33　"选择姓名：联系人"对话框

7.3.5　流媒体

1. 流媒体概述

我们在因特网上浏览传输音频、视频文件，可以采用前面介绍的 FTP 下载等方式，先把文件下载到本地硬盘里，然后再打开播放。但是一般的音/视频文件都比较大，需要本地硬盘留有一定的存储空间，而且由于网络带宽的限制，下载时间也比较长。例如现在使用较多的 ADSL 上网，即使下载速率达到 120 Kbps，要完整下载一个 500 MB 的视频，也需要等待一个多小时。所以这种方式对于一些要求实时性较高的服务就无法适用，例如在因特网上看一场球赛的现场直播，如果等全部下载完了才能播放，那就只能等到比赛完之后才能观看，失去了直播的实时性。

流媒体方式为我们提供了另一种在网上浏览音/视频文件的方式。流媒体是指采用流式传输的方式在因特网播放的媒体格式。流式传输时，音/视频文件由流媒体服务器向用户计算机连续、实时地传送。用户不必等到整个文件全部下载完毕，而只需要经过很短时间的启动延时即可进行观看，即"边下载边播放"。这样，当下载的一部分播放时，后台也在不断下载文件的剩余部分。流媒体方式不仅使播放延时大大缩短，而且不需要本地硬盘留有太大的缓存容量，避免了用户必须等待整个文件全部从因特网上下载完成之后才能播放观看的缺点。

因特网的迅猛发展、多媒体的普及都为流媒体业务创造了广阔的市场前景，流媒体日益流行。如今，流媒体技术已广泛应用于多媒体新闻发布、在线直播、网络广告、电子商务、视频点播、远程教育、远程医疗、网络电台、实时视频会议等方方面面。

2. 流媒体原理

实现流媒体需要两个条件：合适的传输协议和缓存。使用缓存的目的是消除延时和抖动的影响，以保证数据报顺序正确，从而使媒体数据能够顺序输出。

流式传输的大致过程如下：

（1）用户选择一个流媒体服务后，Web 浏览器与 Web 服务器之间交换控制信息，把需要传输的实时数据从原始信息中检索出来。

（2）Web 浏览器启动音/视频客户端程序，使用从 Web 服务器检索到的相关参数对客户端程序初始化，参数包括目录信息、音/视频数据的编码类型和相关的服务器地址等信息。

（3）客户端程序和服务器端之间运行实时流协议，交换音/视频传输所需的控制信息，实时流协议提供播放、快进、快倒、暂停等命令。

（4）流媒体服务器通过流协议及 TCP/UDP 传输协议将音/视频数据传输给客户端程序，一旦数据到达客户端，客户端程序就可以进行播放。

目前的流媒体格式有很多，如 asf、rm、ra、mpg、flv 等，不同格式的流媒体文件需要不同的播放软件来播放。常见的流媒体播放软件有 RealNetworks 公司出品的 RealPlayer、微软公司的 Media Player、苹果公司的 QuickTime 和 Macromedia 的 Shockwave Flash 技术。其中 Flash 流媒体技术使用矢量图形技术，使得文件下载播放速度明显提高。

3．在因特网上浏览播放流媒体

越来越多的网站都提供了在线欣赏音/视频的服务，如新浪播客、优酷、56、土豆网、酷6、youtube 等。下面以优酷网为例介绍如何在因特网上播放流媒体。具体操作如下：

（1）打开 IE 浏览器，在地址栏输入 www.youku.com，敲回车进入优酷网的首页。

（2）在主页可以看到一些视频推荐，我们也可以在搜索栏中输入关键字，点击"搜索"按钮搜索我们想观看的节目，如图 7-34 所示。

图 7-34 搜索视频

（3）进入搜索结果页面，我们可以看到一个节目列表，每个节目包括视频的截图、标题、时长等信息，单击一个视频，进入视频播放页面。

（4）在视频播放页面，我们可以看到一个视频播放窗口，如图 7-35 所示，播放窗口包括视频画面、进度条、控制按钮（播放/暂停 、快进 、快退 ）、时间显示、音量调节等部分。从时间显示上我们可以看出，现在视频播放了 7 秒，总时长是 1 分零 4 秒。

图 7-35 视频播放窗口

进度条上的滑块 ▬▬ 表示目前的播放进度，而红色的条进度要快于播放进度，这就是下载流媒体数据的进度。可以看出，我们并不需要等全部下载完才能播放，而是从一开始就播放，一边下载，一边播放。

优酷网之类的视频共享网站不仅提供了浏览播放的功能，还包括上传视频、收藏夹、评论、排行榜等多种互动功能，吸引了大批崇尚自由创意、喜欢收藏或欣赏在线视频的网民。

7.4　习题

一、选择题

1. 将发送端数字脉冲信号转换成模拟信号的过程称为
   A）链路传输　　　　　　　　　　　B）调制
   C）解调　　　　　　　　　　　　　D）数字信道传输

2. 不属于 TCP/IP 参考模型中的层次是
   A）应用层　　　　　　　　　　　　B）传输层
   C）会话层　　　　　　　　　　　　D）互联层

3. 实现局域网与广域网互联的主要设备是
   A）交换机　　　　　　　　　　　　B）集线器
   C）网桥　　　　　　　　　　　　　D）路由器

4. 下列各项中，不能作为 IP 地址的是
   A）10.2.8.112　　　　　　　　　　B）202.205.17.33
   C）222.234.256.240　　　　　　　D）159.225.0.1

5. 下列各项中，不能作为域名的是
   A）www.cernet.edu.cn　　　　　　B）news.baidu.com
   C）ftp.pku.edu.cn　　　　　　　　D）www.cba.gov.cn

6. 下列各项中，正确的 URL 是
   A）http://www.　pku.edu.cn/notice/file.htm
   B）http://www.pku.edu..cn/notice/file.htm
   C）http://www.pku.edu.cn/notice/file.htm
   D）http://www.pku.edu.cn/notice\file.htm.

7. 在下列服务中，在 Internet 中完成从域名到 IP 地址或者从 IP 到域名转换的是
   A）DNS　　　　　　　　　　　　　B）FTP
   C）WWW　　　　　　　　　　　　D）ADSL

8. IE 浏览器收藏夹的作用是
   A）收集感兴趣的页面地址　　　　　B）记忆感兴趣的页面内容
   C）收集感兴趣的文件内容　　　　　D）收集感兴趣的文件名

9. 关于电子邮件，下列说法中错误的是
   A）发件人必须有自己的 E-mail 账户

B）必须知道收件人的 E-mail 地址

C）收件人必须有自己的邮政编码

D）可以使用 Outlook Express 管理联系人信息

10．关于使用 FTP 下载文件，下列说法中错误的是

A）FTP 即文件传输协议   B）登录 FTP 不需要账户和密码

C）可以使用专用的 FTP 客户端下载文件   D）FTP 使用客户/服务器模式工作

11．无线网络相对于有线网络来说，它的优点是

A）传输速度更快，误码率更低   B）设备费用低廉

C）网络安全性好，可靠性高   D）组网安装简单，维护方便

12．关于流媒体技术，下列说法中错误的是

A）流媒体技术可以实现边下载边播放

B）媒体文件全部下载完成才可以播放

C）流媒体可用于远程教育、在线直播等方面

D）流媒体格式包括 asf、rm、ra 等

参考答案

1．B   2．C   3．D   4．C   5．D   6．C

7．A   8．A   9．C   10．B   11．D   12．B

二、操作题

1．打开"新浪新闻中心"的主页，地址是 http://news.sina.com.cn，任意打开一条新闻的页面浏览，并将页面保存到指定文件夹下。

2．使用"百度搜索"查找篮球运动员姚明的个人资料，将他的个人资料复制、保存到 Word 文档中"姚明个人资料.docx"中。

3．将 Ben Linus（邮件地址：benlinus@sohu.com）添加到 Outlook Express 的通讯簿中，然后给他发送一封邮件，主题为"寻求帮助"，正文内容为："Ben，你好，请你将系统帮助手册发给我一份，谢谢。"

4．在 IE 浏览器的收藏夹中新建一个目录，命名为"常用搜索"，将百度搜索的网址（www.baidu.com）添加至该目录下。

5．使用 Outlook Express 给袁琳（yuanlin2000@sogou.com）发送邮件，插入附件"关于节日安排的通知.txt"，并使用"密件抄送"将此邮件发送给 benlinus@sohu.com。

操作题操作步骤

1．操作步骤

①单击任务栏上 IE 图标，单击打开 IE 浏览器。

②在 IE 地址栏输入"news.sina.com.cn"，按回车键。

③浏览页面，点击某一条新闻的链接，进入新的页面浏览。

④按 Alt 键显示菜单栏，单击"文件/另存为"命令，打开"另存为"对话框。在弹出的"保存网页"对话框中选择保存路径，输入保存文件名。

⑤单击"确定"按钮，完成操作。

2．操作步骤

①打开 IE 浏览器，在地址栏输入"www.baidu.com"，按回车键进入百度搜索的主页。

②在百度主页的搜索框中输入"姚明个人资料"，点击"百度一下"按钮，进行搜索，进入搜索结果页面。

③在搜索结果页面，选择一个链接打开网页，选中姚明的个人资料内容，打开右键菜单选择"复制"。

④新建 Word 文档"姚明个人资料.docx"并打开，打开右键菜单选择"粘贴"。

⑤保存并关闭 Word 文档，完成操作。

3．操作步骤

①在"开始"菜单中单击"Outlook Express"按钮，启动 Outlook Express。

②选择"开始/联系人/新建联系人"，弹出"未命名- 联系人"对话框，将联系人 Ben Linus 的各项信息键入到相关选项卡的相应文本框中，并单击"保存并关闭"按钮。

③在通讯簿的列表中用鼠标右击 Ben Linus，在弹出菜单中单击"创建/电子邮件"，打开"未命名-邮件"窗口，在主题栏中键入"寻求帮助"，在正文部分键入"Ben，你好，请你将系统帮助手册发给我一份，谢谢。"

④点击"发送"按钮，发送邮件，完成操作。

4．操作步骤

①打开 IE 浏览器，在地址栏输入"www.baidu.com"，按回车键进入百度搜索的主页。

②单击"查看收藏夹、源和历史记录"按钮，单击"添加到收藏夹"按钮，打开"添加收藏"对话框。

③在"添加收藏"对话框中单击"新建文件夹"按钮，在弹出的"新建文件夹"对话框中输入"常用搜索"，单击"创建"按钮。

④在"添加收藏"对话框"创建位置"下拉列表中选中"常用搜索"文件夹，单击"添加"按钮，完成操作。

5．操作步骤

①在"开始"菜单中单击"Outlook Express"按钮，启动 Outlook Express。

②点击"开始/新建/新建电子邮件"按钮，打开"未命名-邮件"窗口，在收件人栏键入"yuanlin2000@sogou.com"，在主题栏中键入"通知"。

③单击"抄送"按钮，选择"邮件/姓名通讯簿"，在"联系人"对话框中，选中通讯簿中的"Ben Linus"，点击"密件抄送"按钮将其添加到密件抄送栏中，单击"确定"按钮。

④单击"邮件/添加/附加文件"命令，打开"插入文件"对话框，在对话框中选定要插入的文件"关于节日安排的通知.txt"，然后单击"插入"按钮。

⑤单击"发送"按钮，发送邮件，完成操作。

附录

全国计算机等级考试一级 MS Office 考试大纲
（2013 年版）

基本要求

1. 具有使用微型计算机的基础知识（包括计算机病毒的防治常识）。
2. 了解微型计算机系统的组成和各组成部分的功能。
3. 了解操作系统的基本功能和作用，掌握 Windows 的基本操作和应用。
4. 了解文字处理的基本知识，熟练掌握文字处理软件 MS Word 的基本操作和应用，熟练掌握一种汉字（键盘）输入方法。
5. 了解电子表格软件的基本知识，掌握电子表格软件 Excel 的基本操作和应用。
6. 了解多媒体演示软件的基本知识，掌握演示文稿制作软件 PowerPoint 的基本操作和应用。
7. 了解计算机网络的基本概念和因特网（Internet）的初步知识，掌握 IE 浏览器软件和 Outlook Express 软件的基本操作和使用。

考试内容

一、计算机基础知识

1. 计算机的发展、概念、类型及其应用领域。
2. 计算机中数据的表示、存储与处理。
3. 多媒体技术的概念与应用。
4. 计算机病毒的概念、特征、分类与防治。
5. 计算机网络的概念、组成和分类；计算机与网络信息安全的概念和防控。
6. 因特网网络服务的概念、原理和应用。

二、操作系统的功能和使用

1. 计算机软、硬件系统的组成及主要技术指标。
2. 操作系统的基本概念、功能、组成和分类。

3．Windows 操作系统的基本概念和常用术语，文件、文件夹、库等。

4．Windows 操作系统的基本操作和应用：

（1）桌面外观的设置，基本的网络配置。

（2）熟练掌握资源管理器的操作与应用。

（3）掌握文件、磁盘、显示属性的查看、设置等操作。

（4）中文输入法的安装、删除和选用。

（5）掌握检索文件、查询程序的方法。

（6）了解软、硬件的基本系统工具。

三、文字处理软件的功能和使用

1．Word 的基本概念，Word 的基本功能和运行环境，Word 的启动和退出。

2．文档的创建、打开、输入、保存等基本操作。

3．文本的选定、插入与删除、复制与移动、查找与替换等基本编辑技术；多窗口文档的编辑。

4．字体格式设置、段落格式设置、文档页面设置、文档背景设置和文档分栏等基本排版技术。

5．表格的创建、修改；表格的修饰；表格中数据的输入与编辑；数据的排序和计算。

6．图形和图片的插入；图形的建立和编辑；文本框、艺术字的使用和编辑。

7．文档的保护和打印。

四、电子表格软件的功能和使用

1．电子表格的基本概念和基本功能，Excel 的基本功能、运行环境、启动和退出。

2．工作簿和工作表的基本概念和基本操作，工作簿和工作表的建立、保存和退出；数据输入和编辑；工作表和单元格的选定、插入、删除、复制、移动；工作表的重命名和工作表窗口的拆分和冻结。

3．工作表的格式化，包括设置单元格格式、设置列宽和行高、设置条件格式、使用样式、自动套用格式和使用模板等。

4．单元格绝对地址和相对地址的概念，工作表中公式的输入和复制，常用函数的使用。

5．图表的建立、编辑和修改以及修饰。

6．数据清单的概念，数据清单的建立，数据清单内容的排序、筛选、分类汇总，数据合并，数据透视表的建立。

7．工作表的页面设置、打印预览和打印，工作表中链接的建立。

8．保护和隐藏工作簿和工作表。

五、PowerPoint 的功能和使用

1．中文 PowerPoint 的功能、运行环境、启动和退出。

2．演示文稿的创建、打开、关闭和保存。

3．演示文稿视图的使用，幻灯片基本操作（版式、插入、移动、复制和删除）。

4．幻灯片基本制作（文本、图片、艺术字、形状、表格等插入及其格式化）。

5．演示文稿主题选用与幻灯片背景设置。

6．演示文稿放映设计（动画设计、放映方式、切换效果）。

7．演示文稿的打包和打印。

六、因特网（**Internet**）的初步知识和应用

1．了解计算机网络的基本概念和因特网的基础知识，主要包括网络硬件和软件，TCP/IP 协议的工作原理，以及网络应用中常见的概念，如域名、IP 地址、DNS 服务等。

2．能够熟练掌握浏览器、电子邮件的使用和操作。

考试方式

1．采用无纸化考试，上机操作。考试时间为 90 分钟。

2．软件环境：Windows 7 操作系统；Microsoft Office 2010 办公软件。

3．在指定时间内，完成下列各项操作：

（1）选择题（计算机基础知识和网络的基本知识）。（20 分）

（2）Windows 操作系统的使用。（10 分）

（3）Word 操作。（25 分）

（4）Excel 操作。（20 分）

（5）PowerPoint 操作。（15 分）

（6）浏览器（IE）的简单使用和电子邮件收发。（10 分）